Chemie

Von Jane Chisholm und David Beeson

W0177672

Aus dem Englischen übersetzt von Angelika Seifert
und bearbeitet von Franz Moisl

Otto Maier Verlag Ravensburg

Mit Computerprogramm

Inhalt

Über dieses Buch

Dieses Buch bietet eine allgemeine Einführung in die Grundlagen der Chemie. Es möchte ein erstes Verständnis schaffen für die Vorgänge, die bei chemischen Reaktionen ablaufen, und für ihre Ursachen.

Neben vielen Informationen enthält das Buch zahlreiche Versuche, die du nachvollziehen kannst, wenn du dazu Lust hast. Sei nicht enttäuscht, wenn ein Versuch nicht gleich beim erstenmal gelingt: Das kann viele Gründe haben – und Mißerfolge erleben selbst die erfahrensten Chemiker. Versuch es einfach noch einmal. Auf Seite 44 findest du einige nützliche Hinweise für deine Versuche und auf Seite 45 Sicherheitsregeln, die du unbedingt beherzigen solltest.

Auf Seite 45 stehen auch die Antworten und Lösungen für die Übungen und Rätsel. Außerdem findest du ganz hinten im Buch etwas über Formeln und Gleichungen, eine Zusammenstellung wichtiger Fachbegriffe, das Periodensystem der Elemente sowie eine Liste der Wertigkeiten und die Spannungsreihe der Metalle.

Das Fragespiel auf Seite 38/39 kann dir dabei helfen, unbekannte chemische Stoffe zu bestimmen. Wenn du einen Heimcomputer hast, kannst du das auch mit Hilfe des Programms auf Seite 40/41 versuchen.

Titel der Originalausgabe: Introduction to Chemistry
Aus dem Englischen übersetzt von Angelika Seifert und bearbeitet von Franz Moisl
Unter Mitarbeit von Alan Alder
Computerprogramm: Chris Oxlade
Illustrationen: Jeremy Banks, Jeremy Gower, Chris Lyon, Simon Roulstone, Graham Round, Penny Simon, Graham Smith und Sue Stitt
Buchgestaltung: Iain Ashman

Umschlaggestaltung: Ekkehard Drechsel unter Verwendung des Umschlags der Originalausgabe

© 1983 by Usborne Publishing Ltd., London
Alle Rechte der deutschen Bearbeitung liegen beim Otto Maier Verlag, Ravensburg, 1986
Printed in Belgium
ISBN 3-473-35623-9

Was ist Chemie?

Die Chemie befaßt sich mit chemischen Substanzen oder Stoffen. Alles um uns herum besteht aus solchen chemischen Stoffen: Wasser, Land, Luft, Häuser, Autos, Nahrungsmittel, Kleidung, dein Körper usw.

Man unterscheidet mehr als einhundert chemische Grundstoffe oder *Elemente*. Sie sind die „Grundbausteine" der Chemie. Jedes Element kann zwar auch für sich allein vorkommen, gewöhnlich tritt es aber in Verbindung mit anderen Elementen auf.

Die Chemiker untersuchen die einzelnen Stoffe nach ihren Grundbausteinen und bringen sie mit anderen in Verbindung. Dabei stoßen sie manchmal auf neue, nützliche Substanzen. Einige Dinge, die von Chemikern erfunden oder entwickelt wurden, sind hier aufgeführt.

Die einzelnen chemischen Stoffe in einem Laboratorium erscheinen auf den ersten Blick vielleicht nicht immer interessant; durch die Verbindung mit anderen Stoffen ergeben sich aber manchmal die tollsten Reaktionen: Es knallt und zischt und blitzt – und schon ist ein neuer chemischer Stoff entstanden.

Im Grunde hast du auch im täglichen Leben dauernd mit chemischen Reaktionen zu tun – z. B. wenn du Essen kochst oder ein Streichholz anzündest.

Auch der Rost an deinem Fahrrad und der Ruß an eurer Hauswand sind Ergebnisse chemischer Reaktionen.

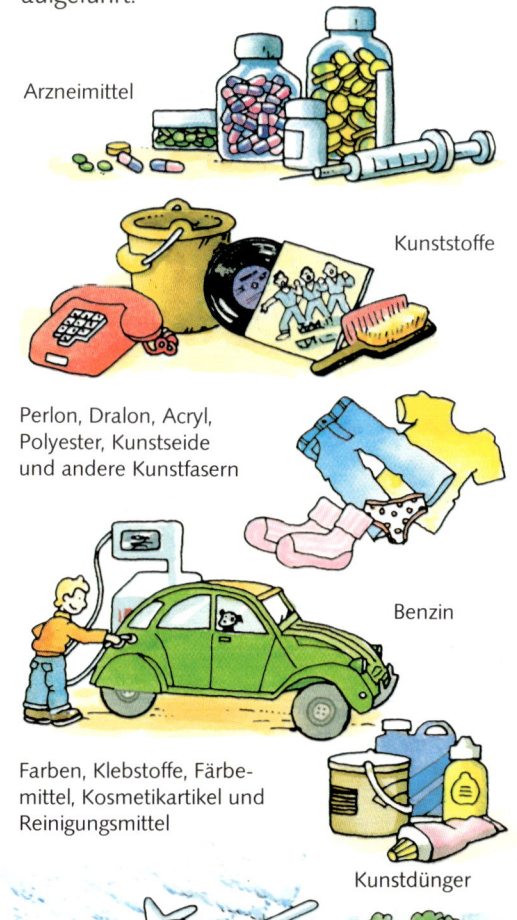

Arzneimittel

Kunststoffe

Perlon, Dralon, Acryl, Polyester, Kunstseide und andere Kunstfasern

Benzin

Farben, Klebstoffe, Färbemittel, Kosmetikartikel und Reinigungsmittel

Kunstdünger

Deinen Körper kannst du dir wie ein großes, bewegliches Reagenzglas vorstellen: In seinem Inneren finden ununterbrochen chemische Reaktionen statt. Jede chemische Substanz, die zugeführt wird – wie Nahrung und Sauerstoff –, hält die chemischen Reaktionen in Gang.

Die Anfänge der Chemie

Das Wort „Chemie" wird abgeleitet vom arabischen „al quemia", das heißt „die Chemie". Die Alchimie ist die Vorform der Chemie, die es schon vor etwa 2000 Jahren gab. Die ersten Alchimisten haben versucht, gewöhnliche Metalle in Gold zu verwandeln. Obwohl sie sich dabei wissenschaftlicher Methoden bedienten, kann man die Alchimie noch nicht als richtige Wissenschaft bezeichnen, weil dabei zuviel Aberglauben und Zauberei mit im Spiel waren. Einigen Alchimisten gelangen aber schon wichtige Entdeckungen, z. B. die Herstellung von Medikamenten und Rauschmitteln aus Kräutern.

Die Entwicklung zur modernen Chemie hat um 1650 einen entscheidenden Fortschritt gemacht, als Robert Boyle die chemischen Elemente definierte. Einen weiteren wichtigen Schritt stellt die Atomtheorie dar, die im Jahr 1808 von John Dalton aufgestellt wurde. Sie besagt, daß die Elemente in winzige Teilchen, die sogenannten Atome, aufgeteilt werden können. Bedeutende Erkenntnisse wie diese bilden die Grundlage der heutigen Chemie.

Wie Chemiker arbeiten

Zur Arbeit des Naturwissenschaftlers gehört auch die Beschäftigung mit Annahmen, die noch nicht bewiesen sind. Eine solche Annahme oder Hypothese kann für den Chemiker z. B. in der Voraussage bestehen, wie eine chemische Reaktion abläuft oder wie sich ein Stoff verhält. Diese Hypothese versucht er durch Experimente zu erhärten. Meist läßt sich die Hypothese nicht endgültig beweisen, aber wenn sie nicht widerlegt wird, kann man sie zumindest als Erklärung für bestimmte Forschungsergebnisse und zur Bildung weiterer Hypothesen benutzen.

In der Chemie werden winzige, kompliziert aufgebaute Teilchen untersucht. Zu ihrer Beschreibung verwenden Chemiker vereinfachte Modelle, so wie diese Zeichnung eines Atoms. Niemand behauptet, daß Atome in Wirklichkeit genau so aussehen; das Modell stellt die Dinge lediglich vereinfacht dar, die für den Chemiker von Interesse sind.

Zinn
Kohlenstoff
Eisen
Quecksilber
Wolfram
Gold
Kupfer
Silber

Chemiker in der ganzen Welt verwenden dieselbe Sprache, nämlich chemische *Formeln*. In dieser Formelsprache wird jedes Element durch ein Symbol aus ein bis zwei Buchstaben dargestellt. Wenn du Lateinisch oder Griechisch kannst, findest du wahrscheinlich selbst heraus, für welche Elemente die Buchstaben in der Abbildung hier oben stehen.

Chemische Experimente können leicht mißlingen, wenn man sie nicht äußerst genau durchführt. Deshalb arbeiten Chemiker in Laboratorien, wo sie die Temperatur besser überprüfen können, wo genaue Waagen zur Verfügung stehen und wo sie ihre Versuche sicher durchführen und genau überwachen können.

Chemische Stoffe und ihre Eigenschaften

Um sich einen Überblick zu verschaffen, ordnen die Chemiker alle chemischen Stoffe in bestimmte Gruppen ein. Man kann sie z. B. in feste Stoffe, Flüssigkeiten und Gase einteilen oder in Metalle und Nichtmetalle. Bevor der Chemiker einen Stoff zuordnet, untersucht er dessen Besonderheiten oder Eigenschaften, wie man sie auch nennt. Im folgenden werden einige Fragen aufgeführt, wie sie ein Chemiker stellen könnte.

Metall oder Nichtmetall?

Diesen Fragenkatalog kannst du zur Einteilung von chemischen Stoffen verwenden. Wenn deine Kreuzchen (für ja) und Striche (für nein) mit den hier angegebenen übereinstimmen, hast du ein Metall vor dir. Es gibt auch Halbmetalle, die nur zum Teil metallische Eigenschaften haben.

| Schwimmt der Stoff auf dem Wasser? | — |
| Leitet er Wärme oder Elektrizität? | X |

Ist er hart?	X
Bricht er, wenn man daraufschlägt?	—
Ist er magnetisch? (Nicht alle Metalle sind es, Nichtmetalle sind es nie.)	X/—
Schmilzt er leicht? (Ausnahme: Quecksilber)	—
Glänzt er?	X

* Wie du das herausfinden kannst, steht auf Seite 18.
** Vorsicht! Die Dämpfe vieler Chemikalien sind gefährlich.

Woraus alle Dinge bestehen

Die Wissenschaftler gehen davon aus, daß jeder Stoff aus winzigen Teilchen besteht. Stell dir vor, du könntest ein Element wie Kupfer in immer kleinere Teilchen zerlegen. Du würdest schließlich auf ein winziges Teilchen stoßen: das *Atom*. Ein Atom ist das kleinste Teilchen eines Elements, das allein bestehen kann und dabei noch alle chemischen Eigenschaften des betreffenden Elements hat.

Das Wort „Atom" stammt aus dem Griechischen und bedeutet soviel wie „unteilbar". Atome kann man nicht sehen, aber wenn man den atomaren Aufbau eines Stoffes kennt, versteht man chemische Reaktionen besser.

Dies ist der Teil einer Nadelspitze, dreimillionenfach vergrößert. Die starke Vergrößerung hat ein Feld-ionenmikroskop geliefert. Jeder helle Punkt auf der Abbildung stellt ein Atom dar.

Blick in ein Atom

Jedes Atom sieht so ähnlich aus wie ein winziges Sonnensystem: In der Mitte befindet sich ein *Atomkern*; um ihn herum kreisen Teilchen, die sogenannten *Elektronen*. Die Atome der einzelnen Elemente unterscheiden sich untereinander durch die Anzahl ihrer Elektronen. Andere Bestandteile von Atomen – außer Kern und Elektronen – sind erst in jüngster Zeit entdeckt worden; die Wissenschaftler können darüber noch keine genaueren Aussagen machen.

1 Elektronen sind Teilchen mit einer negativen elektrischen Ladung. Sie umkreisen den Atomkern.

2 Jedes Atom eines Elements hat eine bestimmte Anzahl von Elektronen. Diese Zahl bezeichnet man als *Ordnungszahl*.

3 Die Elektronen des Atoms umkreisen den Atomkern auf unterschiedlichen Umlaufbahnen. Mehr darüber auf Seite 16.

4 Die Chemiker sind der Meinung, daß Elektronen in der Regel paarweise auftreten: Das eine dreht sich im Uhrzeigersinn um seine eigene Achse, das andere in entgegengesetzter Richtung.

5 Früher nahm man an, daß die Umlaufbahnen der Elektronen ebenso festgelegt seien wie die Bahnen der Planeten. Heute ist man der Meinung, daß die Elektronen sich innerhalb ihrer Umlaufbahn ziemlich frei bewegen können. Da ein solches „Durcheinander" aber schwer darzustellen wäre, zeichnet man die Umlaufbahnen der Elektronen meist so wie hier.

6 Die Atome der verschiedenen Elemente unterscheiden sich in Gewicht, Größe und Masse. Atome kann man nicht wiegen, aber ihre Masse läßt sich durch Vergleiche mit der Masse anderer Atome feststellen; man spricht deshalb von *relativer Atommasse*. Als Grundlage dafür benutzt man den Vergleich der Masse des Kohlenstoffisotops mit der Masse 12.

Was ist Radioaktivität?

Seit Beginn dieses Jahrhunderts wissen die Fachleute, daß man Atome spalten kann. Die Isotope bestimmter Atome – das heißt Atome mit gleicher Ordnungszahl, aber unterschiedlicher Atommasse – haben unbeständige Atomkerne, die sich spalten können. Dabei werden ungeheure Mengen von Energie und radioaktiver Strahlung freigesetzt. Solche Isotope nennt man radioaktiv.

Atome können aber auch künstlich gespalten werden. Die Energie, die dabei frei wird, kann zur Erzeugung von Strom und Wärme verwendet werden. Man kann diese Strahlen zwar nicht sehen, aber sie sind äußerst gefährlich: Radioaktive Isotope bilden unter anderem die Grundlage für Atom- oder Kernwaffen.

Gewöhnliche Atome können unbegrenzt lange bestehen; radioaktive Atome haben dagegen nur eine begrenzte Lebensdauer. Sie kann Sekunden betragen, aber auch Millionen von Jahren. Kohlenstoff 14* ist z. B. leicht radioaktiv und zerfällt sehr langsam. Mit seiner Hilfe kann man das Alter von historischen Funden feststellen.

10 Die Atome eines Elements haben in der Regel die gleiche Atommasse. Atome mit unterschiedlicher Atommasse, aber gleicher Ordnungszahl bezeichnet man als *Isotope* eines Elements.

9 Die Anzahl aller Protonen und Neutronen zusammen ergibt die Massenzahl eines Atoms, die sogenannte Atommasse.

8 Der Kern enthält auch eine Reihe von ungeladenen, neutralen Teilchen, die sogenannten *Neutronen*.

7 Die im Atomkern enthaltenen Teilchen heißen *Protonen*; sie haben eine positive elektrische Ladung. Die Anzahl der Protonen entspricht immer der Anzahl der Elektronen. Dadurch ist ein Atom nach außen hin elektrisch neutral. Protonen wiegen ungefähr 1840mal mehr als Elektronen.

11 Die Atome werden durch die starke Anziehungskraft zwischen den Protonen und den Elektronen zusammengehalten. Teilchen mit entgegengesetzter Ladung ziehen einander an, so wie die entgegengesetzten Pole eines Magneten.

Der größte Teil eines Atoms besteht aus leerem Raum. Damit du eine Vorstellung von den richtigen Größenverhältnissen bekommst, kannst du dir den Atomkern als Erbse mitten in einem Fußballfeld vorstellen; auf der Aschenbahn würden dann die äußeren Elektronen die Erbse umkreisen.

* Ein Kohlenstoffatom, das anstelle der üblichen Massenzahl 12 die Massenzahl 14 hat.

Wie Moleküle zusammenhalten

Wenn du eine Vorstellung davon hast, wie Atome sich verhalten, dann kannst du auch die chemischen Reaktionen besser verstehen. Atome treten gewöhnlich in Molekülgruppen oder in regelmäßigen Mustern auf, den sogenannten Gittern.

Ein Molekül ist der kleinste Teil einer chemischen Verbindung, der für sich allein bestehen kann. Wasserstoff- und Sauerstoffatome treten z. B. paarweise auf, das heißt ein Wasserstoffmolekül enthält zwei Atome. Dieses Paar von zwei gleichen Atomen drücken die Chemiker durch die chemische Formel H_2 aus.

Andere Moleküle setzen sich aus einer größeren Anzahl von Atomen zusammen. So enthalten etwa Phosphormoleküle vier Atome. Schwefelmoleküle bestehen aus acht ringförmig angeordneten Atomen.

Die Moleküle von Verbindungen enthalten verschiedene Arten von Atomen, die in einem bestimmten Zahlenverhältnis miteinander verbunden sind. Einige dieser Verbindungen sind hier dargestellt. Die dazugehörigen Formeln zeigen, wieviel Atome von welchem Element jeweils zu dem Molekül gehören.

Fest – flüssig – gasförmig

Fest, flüssig und gasförmig sind die drei Aggregatzustände, die Stoffe haben können. Jeder Stoff kann von einem Zustand in einen anderen überwechseln: Das hängt davon ab, wieviel Wärme ihm zugeführt und welcher Druck auf ihn ausgeübt wird. Die einzelnen Aggregatzustände werden durch die unterschiedliche Bewegung und den dafür vorhandenen Raum hervorgerufen, die die Moleküle eines Stoffes haben.

1

In festen Körpern liegen die Moleküle nach einem geordneten Muster dicht beieinander; sie können nur ganz leicht hin und her schwingen. Ein fester Körper hat deshalb eine bestimmte Größe und Form und bietet bei der Berührung Widerstand.

Sublimieren („Sprung" vom Festkörper zum Gas)

Resublimieren („Sprung" vom Gas zum Festkörper)

Wärme raus – Kälte rein?

In jedem Kühlschrank befindet sich ein Behälter, der sogenannte Verdampfer, mit einer Flüssigkeit, die bei sehr niedrigen Temperaturen siedet und sich dabei in ein Gas verwandelt. Die Energie, die für diese Umwandlung erforderlich ist, wird in Form von Wärme dem Innenraum des Kühlschranks entzogen. So entsteht die Kälte im Kühlschrank. In einem anderen Behälter an der Rückseite, dem Kompressor, wird das Gas mit Hilfe von Druck wieder in eine Flüssigkeit umgewandelt; dabei wird Wärme nach außen abgegeben.

2

Nahe beieinander liegende Teilchen ziehen sich gegenseitig an. Um sie zu trennen, braucht man viel Energie, z. B. in Form von Wärme. Wenn du einen Festkörper erhitzt, führst du seinen Molekülen diese Energie zu; sie beginnen zu schwingen und sich voneinander zu entfernen. Der erwärmte Stoff verliert auf diese Weise an Festigkeit und beginnt zu schmelzen. Chemiker bezeichnen das als Wechsel des Aggregatzustands.

Warum die Scheibe beschlägt

Wenn ein Stoff seinen Aggregatzustand wechselt, wird dabei Wärme freigesetzt oder Wärme verbraucht. Bei großer Kälte gefriert Wasser zu einem festen Stoff – zu Eis; bei Hitze wird es zu einem Gas – zu Wasserdampf. Da dein Atem Wasserdampf enthält, brauchst du nur auf eine kalte Fensterscheibe zu hauchen, und die Kälte der Scheibe verwandelt den Dampf in winzige Wassertröpfchen, die an der Scheibe herunterlaufen.

Schmelzen

Erstarren

3

Die Moleküle in einer Flüssigkeit sind weiter voneinander entfernt als in einem festen Körper, können sich aber noch gegenseitig anziehen. Sie sind zwar miteinander verbunden, aber nicht mehr in einem geordneten Muster. Daher besitzt eine Flüssigkeit nach außen keine feste Form. Sie nimmt vielmehr die Form des jeweiligen Behälters an.

In einer Flüssigkeit oder einem Gas lassen sich die Moleküle leichter voneinander trennen als in einem Festkörper, weil sie mehr Abstand voneinander haben.

Kondensieren

Verdampfen/ Verdunsten

4

Wenn man eine Flüssigkeit erhitzt, erhalten ihre Moleküle zusätzliche Energie. Sie bewegen sich heftig voneinander weg, bis sie schließlich die Oberfläche der Flüssigkeit als Gas verlassen. Sie schwirren so wild umher, daß sie fast keine Anziehungskraft mehr aufeinander ausüben. Gas hat deshalb keine feste Form und füllt jeden Raum gleichmäßig aus.

Warum kocht eine erhitzte Flüssigkeit über? (Lösung auf Seite 45.)

Mischen und trennen

Werden zwei Stoffe miteinander vermischt, so vermengen sich auch ihre Moleküle. Das heißt aber nicht, daß sie sich in jedem Fall chemisch miteinander verbinden. Wenn die Atome in den Molekülen durch die Mischung keine neue Ordnung erhalten, findet lediglich eine physikalische Veränderung statt. Der neue Stoff ist ein sogenanntes *Gemisch* oder *Gemenge* und kann leicht wieder in seine Bestandteile zerlegt werden.

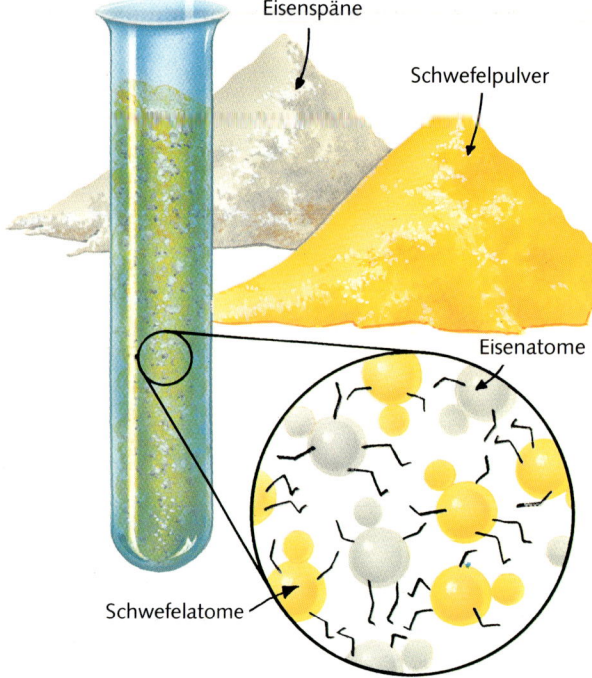

Eisenspäne

Schwefelpulver

Eisenatome

Schwefelatome

Da die spezifischen Eigenschaften eines Stoffes sich auch durch die Mischung mit anderen Stoffen nicht verändern, können die einzelnen Stoffe eines Gemenges gerade mit Hilfe ihrer Eigenschaften leicht wieder voneinander getrennt werden. Das läßt sich auf einfache Weise zeigen, wenn du Eisenspäne und Schwefelpulver* mischst. Eisen ist ein graues Metall, das magnetische Eigenschaften besitzt und im Wasser untergeht. Schwefel ist ein gelbes Nichtmetall ohne magnetische Eigenschaften, das auf dem Wasser schwimmt. Versuche, das Gemenge zu trennen!

Kuddelmuddel

Wie würdest du folgende Gemenge wieder voneinander trennen? Teeblätter und Zucker, Salz und Mehl, Talkumpuder und Badesalz, ein zerbrochenes Glas mit Stecknadeln, eine zerbrochene Flasche mit Badesalz? Lies erst die Seiten 10 und 11 durch, bevor du dich an die Arbeit machst.**

* Wo du Chemikalien bekommst, steht auf Seite 44.
** Die Lösungen findest du auf Seite 45.

Wie man Stoffe trennt

Viele chemische Stoffe sind Gemenge. Ein Chemiker, der einen Stoff analysieren (untersuchen) will, wird ihn als erstes in seine ursprünglichen Bestandteile zerlegen. Im folgenden werden einige unterschiedliche Methoden beschrieben, wie man das machen kann. Welche Methode du jeweils anwendest, hängt von den unterschiedlichen Eigenschaften der Stoffe ab – daher ist es wichtig, diese Eigenschaften zu kennen. Einen festen Stoff, der in einer Flüssigkeit aufgelöst worden ist, bezeichnet man als *Lösung*. Den Feststoff kann man wieder zurückgewinnen, indem man die Lösung verdampfen oder verdunsten läßt. Nimm z. B. Zitronensaft: Er ist aus verschiedenen Bestandteilen zusammengesetzt, unter anderem aus Zitronensäure und Wasser. Um nun das Wasser von der Säure zu trennen, kochst du den Zitronensaft, bis das Wasser verdampft. Im Topf bleiben feste Kristalle zurück.

Zitronen

Einige Metalle sind magnetisch. Mit Hilfe eines Magneten kannst du sie leicht von anderen Stoffen trennen.

Magnet

Einen nichtlöslichen, festen Körper in einer Flüssigkeit nennt man *Suspension*. Die beiden Stoffe trennen sich wieder voneinander, wenn du sie lange genug stehen läßt: Der feste Stoff wird sich am Boden des Gefäßes absetzen.

Ein Gemisch, das einen löslichen und einen nichtlöslichen Stoff enthält, läßt sich am besten trennen, indem man Wasser hinzufügt und die Flüssigkeit dann *filtriert*: Löse z. B. eine Mischung aus Salz und Schmutz in Wasser auf und filtriere das Salzwasser durch ein Stück Filterpapier (Kaffeefilter). Darin bleiben die Schmutzteilchen hängen. Willst du wieder Salz erhalten, mußt du das Wasser kochen* und ganz verdampfen lassen, bis nur noch die Salzkristalle im Topf übrigbleiben.

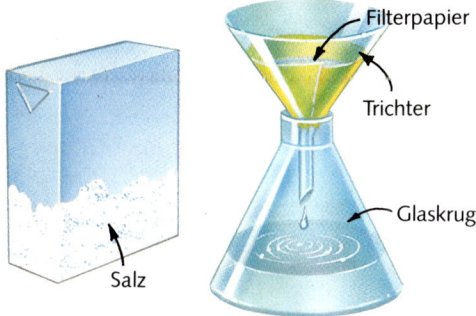

Filterpapier

Trichter

Glaskrug

Salz

Zwei Flüssigkeiten mit unterschiedlichen Siedepunkten lassen sich durch *Destillation* voneinander trennen. Das ist eine Methode, die auch bei der Herstellung von „Schnaps" angewendet wird. Alkohol siedet bereits bei 70 Grad Celsius, hat also einen niedrigeren Siedepunkt als Wasser. Die Mischung wird gekocht, und dabei verdampft der Alkohol früher. Der Alkoholdampf wird in einem gekühlten Reagenzglas aufgefangen und durch die Kälte wieder in flüssigen Alkohol umgewandelt; er ist nun viel konzentrierter, das heißt er hat einen geringeren Wassergehalt als vorher. Schnaps ist deshalb stärker als Bier und Wein, weil diese beiden Getränke nicht destilliert werden.

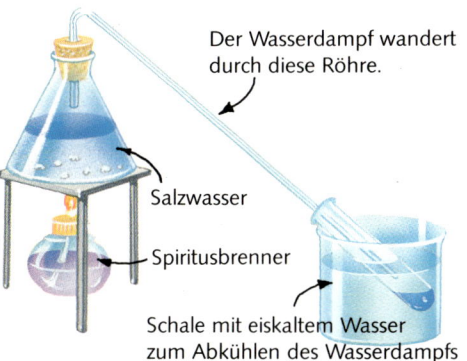

Der Wasserdampf wandert durch diese Röhre.

Salzwasser

Spiritusbrenner

Schale mit eiskaltem Wasser zum Abkühlen des Wasserdampfs

Die Destillation eignet sich auch zur Reinigung des verschmutzten Salzwassers: Der Wasserdampf wird wieder aufgefangen und zu reinem, destilliertem Wasser kondensiert (verflüssigt). Im Topf bleiben Salzkristalle und Schmutzteilchen zurück.

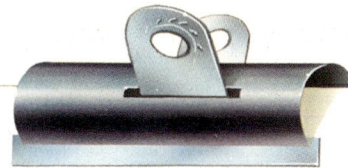

Die verschiedenen chemischen Substanzen in Tinte kannst du mit einer Methode voneinander trennen, die man als *Chromatographie* bezeichnet: Nimm ein großes Stück Löschpapier, Filterpapier oder eine Papierserviette und tauch den unteren Rand in verschiedene farbige Tinten. Häng das Papier so über eine Schüssel mit Wasser, daß es das Wasser gerade noch berührt. Das Wasser, das nach oben gesaugt wird, zieht auch die Tinte mit: Je weiter die Tinte nach oben gezogen wird, desto mehr verschiedenfarbige Ränder entstehen – ein Beweis dafür, daß die Tinte aus verschiedenen chemischen Substanzen besteht.

Spiritus

Gras

Du kannst sogar versuchen, die grüne Farbe von Pflanzen in einzelne Farben zu zerlegen: Zerquetsche frisches Gras oder einige Blätter mit etwas Sand in einer Schüssel und beträufle sie mit Spiritus. Dann wiederholst du den Versuch mit Wasser anstelle von Spiritus.

* Nimm den Topf rechtzeitig vom Feuer, damit das Salz nicht festbrennt!

Wie Stoffe miteinander reagieren

Von einer chemischen Reaktion spricht man, wenn durch eine chemische Veränderung neue Stoffe gebildet werden. Dies geschieht, wenn die Bindung zwischen Atomen oder Molekülen aufgelöst und die Atome oder Moleküle zu neuen Verbindungen umgruppiert werden. Die Atome innerhalb eines Moleküls werden oft durch starke Kräfte zusammengehalten. Um eine chemische Reaktion in Gang zu setzen, ist deshalb die Zufuhr von Energie – meist in Form von Wärme – notwendig.

Wie kommt es zu einer chemischen Reaktion?

Bei einer chemischen Reaktion wird gewöhnlich Wärme aufgenommen oder abgegeben. Häufig ist Wärme die treibende Kraft für eine Reaktion: Beim Kochen und Backen spielen sich deshalb eine Vielzahl von chemischen Reaktionen ab.
Anders als bei einem Gemisch verändern sich bei einer Verbindung die Verhältnisse der einzelnen Elemente. So sind z. B. Natrium und Chlor für sich allein sehr gefährlich – in der Verbindung Natriumchlorid sind sie dagegen ziemlich harmlos: nämlich Speisesalz.

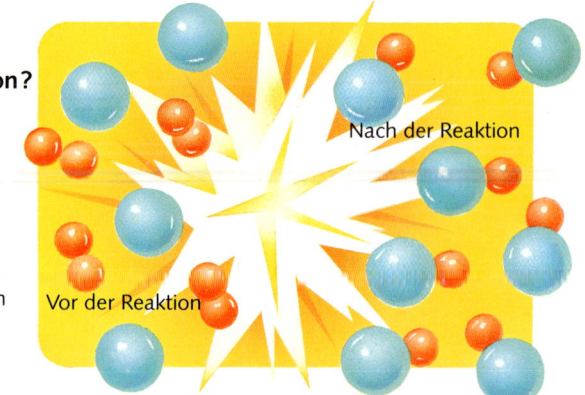

Nach der Reaktion

Vor der Reaktion

Chemische Reaktionen beim Kuchenbacken

Wenn du Butter, Zucker, Mehl, Milch und Backpulver miteinander vermischst, erhältst du ein Gemenge aus diesen Stoffen. In diesem Gemenge kannst du die einzelnen Bestandteile noch erkennen oder herausschmecken. Wenn du das Gemisch dagegen backst, kannst du sogar sehen, daß eine chemische Reaktion stattgefunden hat: Das Backpulver hat mit den anderen Zutaten so reagiert, daß sich Gasbläschen (Kohlendioxid) gebildet haben, die den Teig „gehen" ließen. Die neu entstandene Masse – der Kuchen – fühlt sich ganz anders an, sieht anders aus und schmeckt auch anders als das ursprüngliche Gemenge. Sie kann nicht mehr in ihre ursprünglichen Bestandteile zerlegt werden.

Diese Bläschen sind durch das Kohlendioxid entstanden.

Wenn du die Zutaten zu einem Kuchen nicht im richtigen Verhältnis mischst, dann geht der Kuchen nicht auf. Das gleiche gilt natürlich auch für andere chemische Reaktionen.

Die chemischen Reaktionen in unserem Körper

Auch die chemischen Reaktionen, die in unserem Körper ablaufen, verbrauchen Energie. Sie wird dem Körper in Form von Nahrung und Sauerstoff zugeführt. Nahrung und Sauerstoff reagieren miteinander zu Kohlendioxid und Wasser; dabei wird Energie frei und Kohlendioxid ausgeatmet. Dieser Vorgang läßt sich als Wortgleichung ausdrücken. (Mehr über Gleichungen auf Seite 43.)

Kohlenhydrate + Sauerstoff → Wasser + Kohlendioxid + Energie

Wie man eine Verbindung herstellt

Versuche einmal, aus dem Eisen-Schwefel-Gemisch von Seite 10 eine chemische Verbindung herzustellen. Nicht alle Gemische lassen sich in Verbindungen überführen.

Mische 6 Teile Eisen mit 4 Teilen Schwefel in einem Reagenzglas und erhitze sie über der Flamme eines Bunsen- oder Campinggasbrenners. Das Glas sollte rotglühend werden*, und in seinem Inneren müßte sich ein fester Klumpen bilden – die Eisensulfidverbindung.

Holzklammer

Eisen und Schwefel

Eisensulfid

Diese Verbindung ist nicht magnetisch und sinkt im Wasser. Sie verhält sich also weder wie Eisen noch wie Schwefel, und es ist auch nicht möglich, sie wieder in ihre Bestandteile zu zerlegen.

Schwefel und verdünnte Salzsäure: keine Reaktion.

In einem anderen Versuch kannst du jeweils Eisen, Schwefel und Eisensulfid mit Säure (z. B. Essig) reagieren lassen. Eisensulfid müßte dabei ein Gas (Schwefelwasserstoffgas) entwickeln, das nach faulen Eiern riecht.

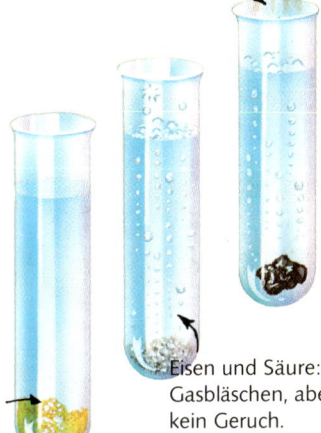

Schwefelwasserstoffgas: übelriechend.

Eisen und Säure: Gasbläschen, aber kein Geruch.

Reaktionen, die Wärme liefern

Es ist nicht immer Wärme nötig, damit eine chemische Reaktion stattfindet. Einige Reaktionen liefern sogar selbst Wärme: Mische Essig mit Natriumhydrogencarbonat (Natron). Miß die Temperatur der Bestandteile vor dem Mischen und die Temperatur der neu entstandenen Verbindung; du müßtest einen leichten Temperaturanstieg feststellen.

Reaktionen, die Licht brauchen

Pflanzen brauchen für die chemischen Reaktionen, die in ihrem Inneren stattfinden, Lichtenergie und Wärme. Die Gleichung, die sich daraus ergibt, ähnelt der Gleichung für die Vorgänge in deinem Körper; allerdings ist die Reihenfolge hier umgekehrt.

Kohlendioxid + Wasser → Zucker + Sauerstoff

13

* Vorsicht! Lies zuerst die Sicherheitsregeln auf Seite 45.

Die Ordnung der Elemente

Jahrhundertelang haben Chemiker versucht, ein Ordnungssystem für die chemischen Elemente zu finden, um sie besser verstehen zu können. Ein erster Schritt dazu war, die Grundbausteine zu erkennen – die Elemente*. Im 19. Jahrhundert entdeckte man erstmals bestimmte Grundmuster im Verhalten der Elemente: Manche reagierten häufig, andere fast gar nicht. Mit Hilfe von unzähligen Versuchen kam man schließlich zu der Erkenntnis, daß die Atome verschiedener Elemente unterschiedliche Atommassen haben müssen (siehe Seite 6). Der deutsche Chemiker Johann Wolfgang Döbereiner fand heraus, daß bestimmte Dreiergruppen von Elementen, z. B. Brom, Chlor und Jod, immer ähnlich reagieren. Daraus schloß er, daß Elemente immer in „Triaden" zusammengefaßt werden könnten. Der englische Chemiker John A. R. Newlands ordnete die Elemente nach ihrer Atommasse und stellte Gruppen von jeweils acht Elementen mit ähnlichen Eigenschaften fest, die er „Oktaven" nannte.

Das Periodensystem

Im Jahre 1869 veröffentlichten zwei Chemiker, der Deutsche Julius Lothar Meyer und der Russe Dmitri Iwanowitsch Mendelejew, ein Periodensystem, das sie unabhängig voneinander entwickelt hatten. Auch Mendelejew ordnete die Elemente nach ihrer relativen Atommasse, ließ aber in seiner Liste Platz für Elemente, die – wie er glaubte – noch nicht entdeckt worden seien. Mit der Zeit füllten sich die Lücken tatsächlich mit weiteren Elementen. Zwar sind die Elemente heute nach der Ordnungszahl und nicht mehr nach der Atommasse geordnet, doch mußte das Periodensystem ansonsten kaum verändert werden. Es liefert wichtige Erklärungen für das Verhalten der einzelnen Elemente.

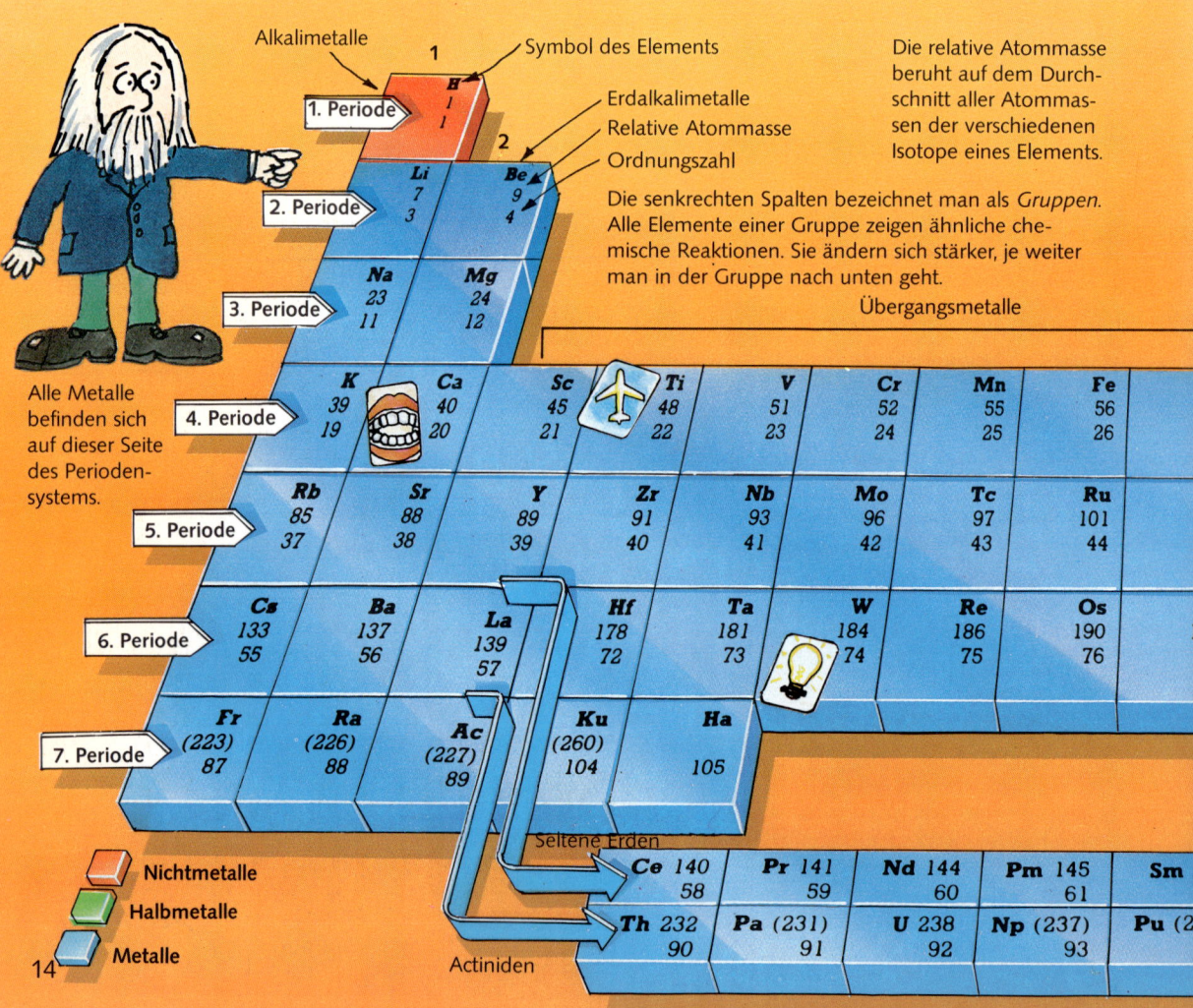

Alkalimetalle · Symbol des Elements · 1. Periode · Erdalkalimetalle · Relative Atommasse · Ordnungszahl · 2. Periode · 3. Periode · 4. Periode · 5. Periode · 6. Periode · 7. Periode

Die relative Atommasse beruht auf dem Durchschnitt aller Atommassen der verschiedenen Isotope eines Elements.

Die senkrechten Spalten bezeichnet man als *Gruppen*. Alle Elemente einer Gruppe zeigen ähnliche chemische Reaktionen. Sie ändern sich stärker, je weiter man in der Gruppe nach unten geht.

Übergangsmetalle

Alle Metalle befinden sich auf dieser Seite des Periodensystems.

Nichtmetalle
Halbmetalle
Metalle

Seltene Erden

Actiniden

14

* Eine Liste aller Elemente und ihrer Symbole findest du auf Seite 47.

Woraus besteht dein Körper?

65 % Sauerstoff
18 % Kohlenstoff
10 % Wasserstoff
3 % Stickstoff
1,5 % Calcium
1 % Phospor

je 1 % – Schwefel, Eisen
Natrium, Zink
Chlor
Magnesium
Silicium
Kalium

Woraus besteht Meerwasser?

91 % Sauerstoff
5,7 % Wasserstoff
1,9 % Chlor
1,1 % Natrium
0,3 % andere Stoffe

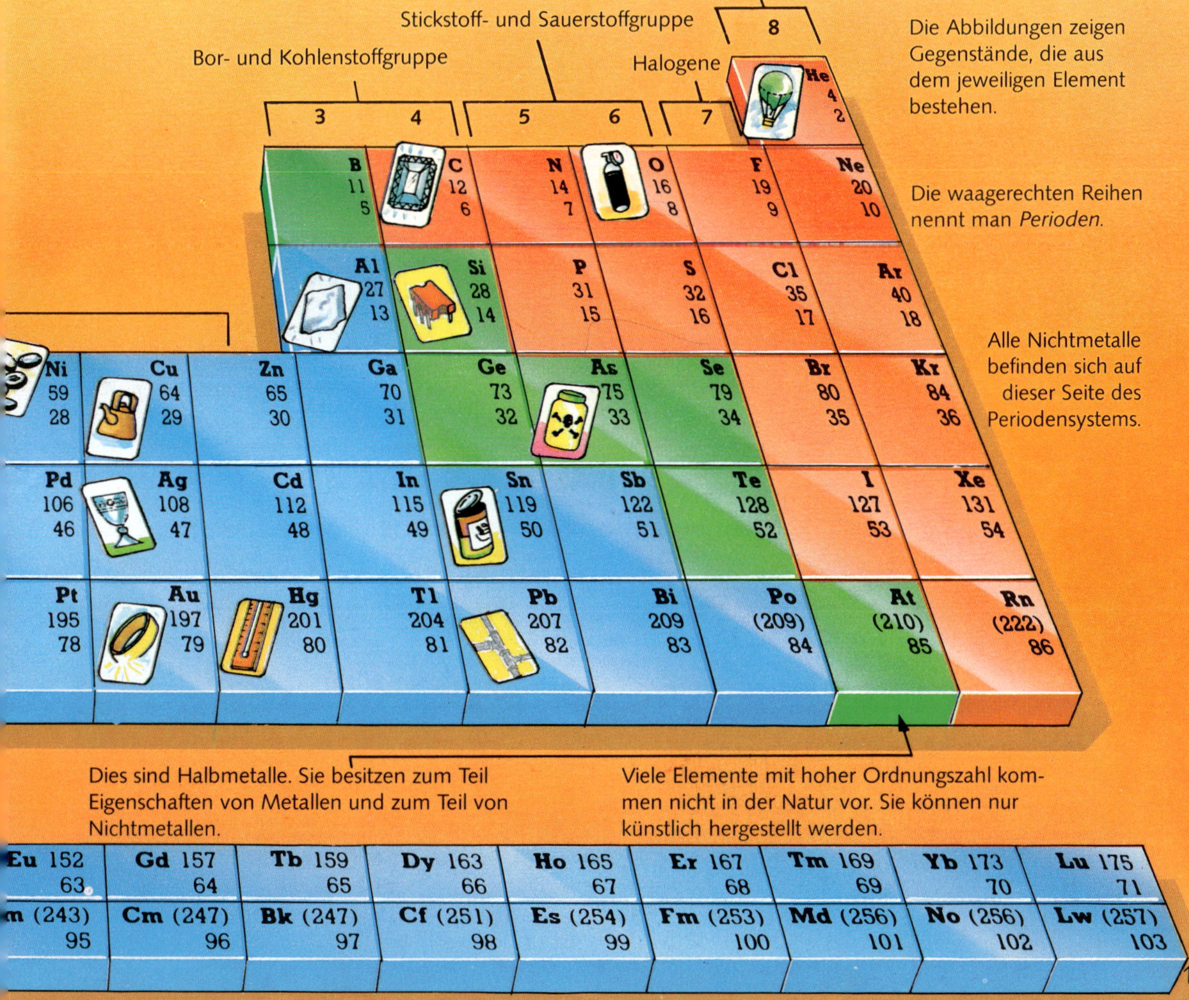

Edelgase

Stickstoff- und Sauerstoffgruppe

Bor- und Kohlenstoffgruppe

Halogene

	8	

Die Abbildungen zeigen Gegenstände, die aus dem jeweiligen Element bestehen.

3	**4**	**5**	**6**	**7**	He 4 2
B 11 5	C 12 6	N 14 7	O 16 8	F 19 9	Ne 20 10
Al 27 13	Si 28 14	P 31 15	S 32 16	Cl 35 17	Ar 40 18

Die waagerechten Reihen nennt man *Perioden*.

Alle Nichtmetalle befinden sich auf dieser Seite des Periodensystems.

Ni 59 28	Cu 64 29	Zn 65 30	Ga 70 31	Ge 73 32	As 75 33	Se 79 34	Br 80 35	Kr 84 36
Pd 106 46	Ag 108 47	Cd 112 48	In 115 49	Sn 119 50	Sb 122 51	Te 128 52	I 127 53	Xe 131 54
Pt 195 78	Au 197 79	Hg 201 80	Tl 204 81	Pb 207 82	Bi 209 83	Po (209) 84	At (210) 85	Rn (222) 86

Dies sind Halbmetalle. Sie besitzen zum Teil Eigenschaften von Metallen und zum Teil von Nichtmetallen.

Viele Elemente mit hoher Ordnungszahl kommen nicht in der Natur vor. Sie können nur künstlich hergestellt werden.

Eu 152 63	Gd 157 64	Tb 159 65	Dy 163 66	Ho 165 67	Er 167 68	Tm 169 69	Yb 173 70	Lu 175 71
m (243) 95	Cm (247) 96	Bk (247) 97	Cf (251) 98	Es (254) 99	Fm (253) 100	Md (256) 101	No (256) 102	Lw (257) 103

Das Leben der Atome

Aus dem Aufbau eines Atoms läßt sich ersehen, wie es mit anderen Atomen reagiert. Die Wissenschaftler gehen davon aus, daß die Elektronen in Schichten oder *Schalen* angeordnet sind und den Atomkern auf verschiedenen Umlaufbahnen umkreisen. In jeder Schale hat nur eine ganz bestimmte Anzahl von Elektronen Platz. Im Periodensystem sind die Elemente so geordnet, daß alle Elemente einer Periode die gleiche Anzahl von Schalen besitzen: Die Elemente der ersten Periode haben eine Schale, die der zweiten Periode zwei Schalen usw.

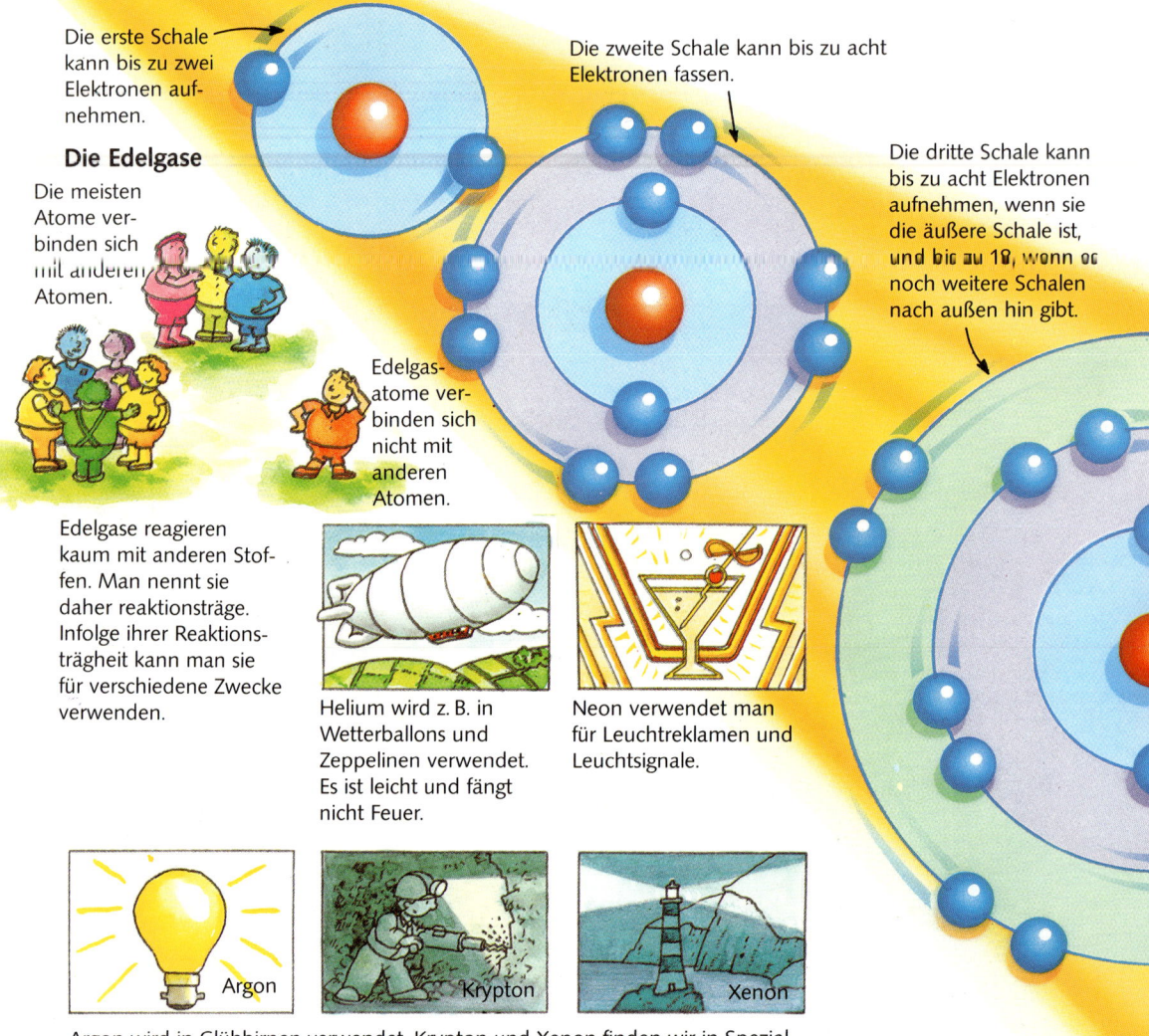

Die erste Schale kann bis zu zwei Elektronen aufnehmen.

Die zweite Schale kann bis zu acht Elektronen fassen.

Die dritte Schale kann bis zu acht Elektronen aufnehmen, wenn sie die äußere Schale ist, und bis zu 18, wenn es noch weitere Schalen nach außen hin gibt.

Die Edelgase

Die meisten Atome verbinden sich mit anderen Atomen.

Edelgasatome verbinden sich nicht mit anderen Atomen.

Edelgase reagieren kaum mit anderen Stoffen. Man nennt sie daher reaktionsträge. Infolge ihrer Reaktionsträgheit kann man sie für verschiedene Zwecke verwenden.

Helium wird z. B. in Wetterballons und Zeppelinen verwendet. Es ist leicht und fängt nicht Feuer.

Neon verwendet man für Leuchtreklamen und Leuchtsignale.

Argon

Krypton

Xenon

Argon wird in Glühbirnen verwendet. Krypton und Xenon finden wir in Spezialbirnen, wie sie im Bergbau und in Leuchttürmen benutzt werden. Radon ist radioaktiv; es wird zum Aufspüren von undichten Stellen in Gasleitungen und zur Behandlung von manchen Krebsarten eingesetzt.

Warum sind Edelgase so „abweisend"?

Aus ihrem Aufbau (siehe Periodensystem) kannst du ersehen, daß die Schalen der Edelgase alle mit Elektronen „gesättigt" sind. Damit hast du die Erklärung: Alle Atome streben danach, ihre äußere Schale mit acht Elektronen aufzufüllen. Bei chemischen Reaktionen werden die Elektronen so ausgetauscht, daß die äußere Schale jedes Reaktionspartners möglichst mit acht Elektronen besetzt ist. Atome, die in ihrer äußeren Schale acht Elektronen enthalten, sind sehr stabil. Sie besitzen bereits die „passende" Zahl von Elektronen und haben deshalb nicht das Bestreben, mit anderen Atomen zu reagieren.

Was geschieht bei einer chemischen Reaktion?

Natriumchlorid (Kochsalz) ist eine sehr stabile Verbindung. Sie besteht aus Natrium, einem Alkalimetall, und Chlor, einem Halogen. Beide sind äußerst reaktionsfreudige Elemente. Aus der Abbildung kannst du den Grund dafür erkennen.

Natrium hat in seiner äußeren Schale nur ein einzelnes Elektron, das es gern „loswerden" möchte.
Chlor hat sieben Elektronen in seiner äußeren Schale, es braucht also noch ein Elektron zum „Auffüllen".

Wenn Natrium und Chlor miteinander reagieren, dann übernimmt das Chlor das überschüssige Elektron vom Natrium und füllt seine eigene äußere Schale damit auf. Beim Natrium entsteht hingegen keine „Lücke". So sind beide Atome gesättigt.

Wer mit wem?

Welches Metallatom wird hier wohl mit welchem Nichtmetallatom reagieren? (Lösung auf Seite 45.)

Kalium

 Magnesium

 Natrium

 Brom

 Jod

Calcium

 Helium

Schwefel

Chlor

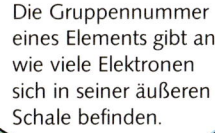

Jedes Atom zeigt auf einer Karte die Anzahl der Elektronen, die sich in seiner äußeren Schale befinden.

Die erste und zweite Schale eines Atoms werden nach Möglichkeit immer voll aufgefüllt, die weiteren Schalen jedoch nicht, obwohl dort wesentlich mehr Elektronen Platz finden können. Auf jeden Fall wird eine Schale aber immer erst mit acht Elektronen besetzt, bevor eine neue angelegt wird. Und nach wie vor gilt, daß die äußere Schale nie mit mehr als acht Elektronen besetzt sein kann.

Im Periodensystem haben alle Elemente einer Gruppe (senkrechte Spalten) ähnliche chemische Eigenschaften: Sie besitzen alle die gleiche Anzahl von Elektronen in der äußeren Schale. Die Anzahl der Elektronen in der äußeren Schale ist also offenbar für chemische Reaktionen von Bedeutung.

Die Gruppennummer eines Elements gibt an, wie viele Elektronen sich in seiner äußeren Schale befinden.

Wenn Stoffe sich verbinden

Mehr über chemische Verbindungen erfährst du am besten aus dem praktischen Umgang mit ihnen. Dazu findest du im folgenden einige Versuche mit Butter, Wachs, Fett, Natriumchlorid (Kochsalz), Natriumcarbonat (Soda) und Natriumhydrogencarbonat (Natriumbicarbonat oder Natron). Mach dir eine Liste, in die du deine Versuchsergebnisse eintragen kannst.

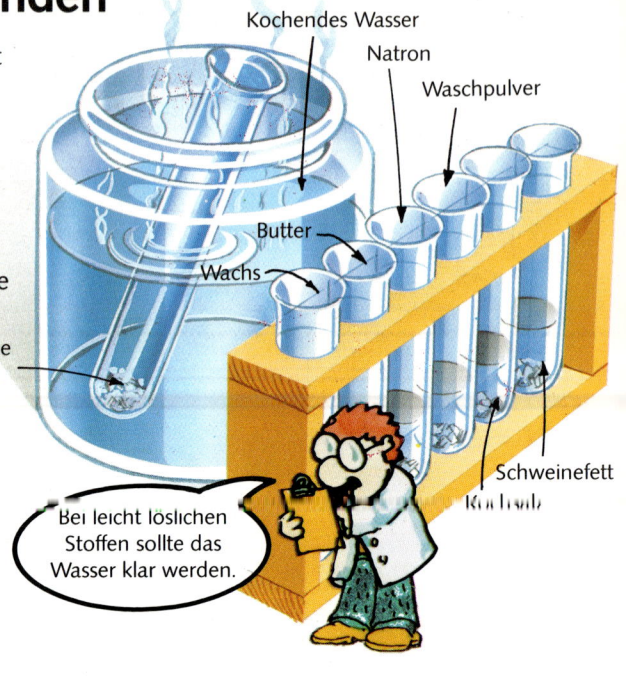

Kochendes Wasser
Natron
Waschpulver
Butter
Wachs
Schmelzende Verbindung
Schweinefett
Kochsalz

Bei leicht löslichen Stoffen sollte das Wasser klar werden.

Schmilzt die Verbindung?

Stell die Reagenzgläser mit den chemischen Verbindungen nacheinander in kochendes Wasser.

Löst sich die Verbindung in Wasser?

Gib von jeder Verbindung etwas in ein gut mit kaltem Wasser gefülltes Reagenzglas und rühre die Mischung mit einem Löffelstiel um.

Leitet die Verbindung im Wasser elektrischen Strom?

Elektrischen Strom leiten bedeutet Strom durchlassen: Misch jede der Verbindungen in einem eigenen Marmeladeglas mit etwas destilliertem Wasser*. Bau dann die Versuchsanordnung auf, die hier abgebildet ist, und tauch die Elektroden in jedes der Gläser ein. Wenn das Lämpchen aufleuchtet, bedeutet das, daß die wäßrige Lösung dieser Verbindung den Strom leitet.

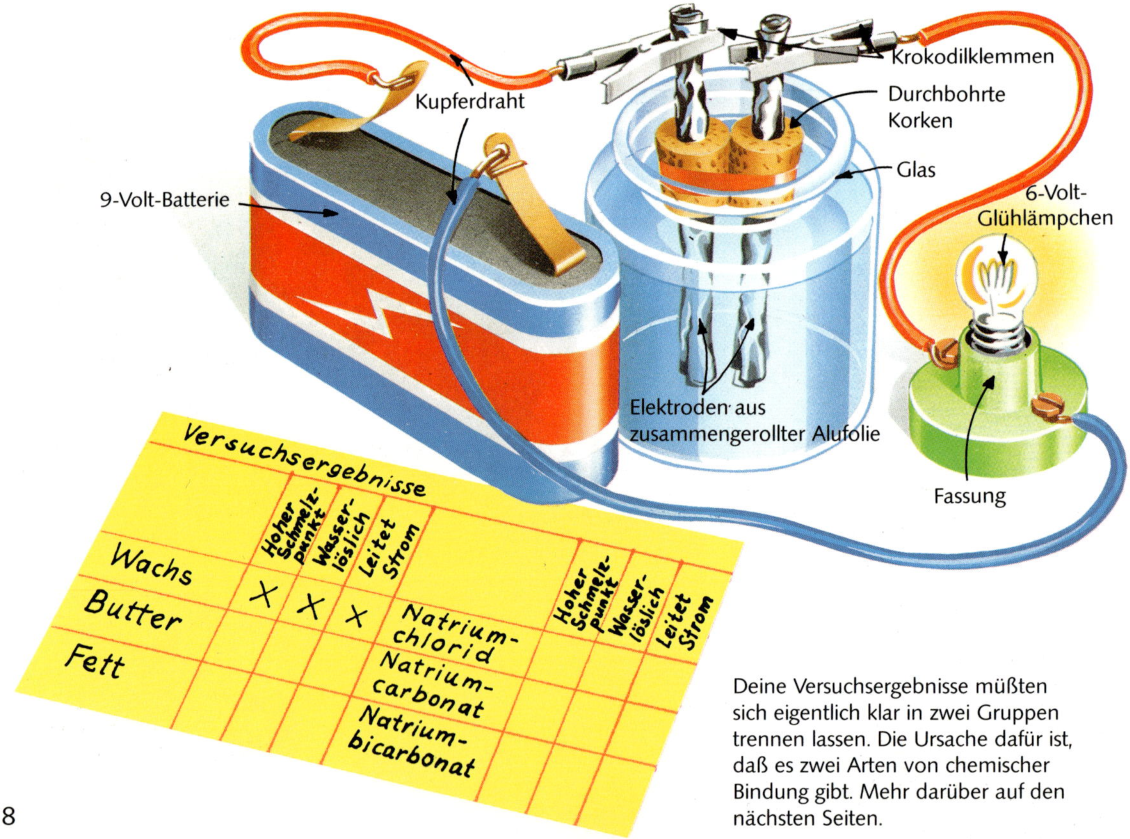

Krokodilklemmen
Durchbohrte Korken
Glas
6-Volt-Glühlämpchen
Kupferdraht
9-Volt-Batterie
Elektroden aus zusammengerollter Alufolie
Fassung

Versuchsergebnisse

	Hoher Schmelzpunkt	Wasserlöslich	Leitet Strom		Hoher Schmelzpunkt	Wasserlöslich	Leitet Strom
Wachs	X	X	X	Natriumchlorid			
Butter				Natriumcarbonat			
Fett				Natriumbicarbonat			

Deine Versuchsergebnisse müßten sich eigentlich klar in zwei Gruppen trennen lassen. Die Ursache dafür ist, daß es zwei Arten von chemischer Bindung gibt. Mehr darüber auf den nächsten Seiten.

* Destilliertes Wasser bekommst du in der Drogerie oder an der Tankstelle.

Was die Versuchsergebnisse aussagen

Die eine Gruppe der getesteten Verbindungen enthält Natrium. Natrium ist, wie schon gesagt, sehr reaktionsfreudig, weil es ein Elektron „zuviel" hat. Bei einer Reaktion mit einem anderen Element gibt es dieses Elektron
ab. Nun hat es ein Proton mehr, als es Elektronen besitzt, und ist deshalb positiv geladen. Atome, die Elektronen abgegeben haben, nennt man *positive Ionen*. Dementsprechend nennt man Atome, die bei einer Reaktion Elektronen aufnehmen, *negative Ionen*. Treffen positive und negative Ionen aufeinander, so entsteht eine
sogenannte *elektrovalente* oder *Ionenbindung*. Die Ionen ziehen einander aufgrund ihrer ungleichen Ladungen an; die Bindung wird dadurch besonders stark. Deshalb lassen sich Stoffe, die durch Ionenbindung zusammengehalten werden, auch schwer schmelzen. Es sind immer feste Stoffe.

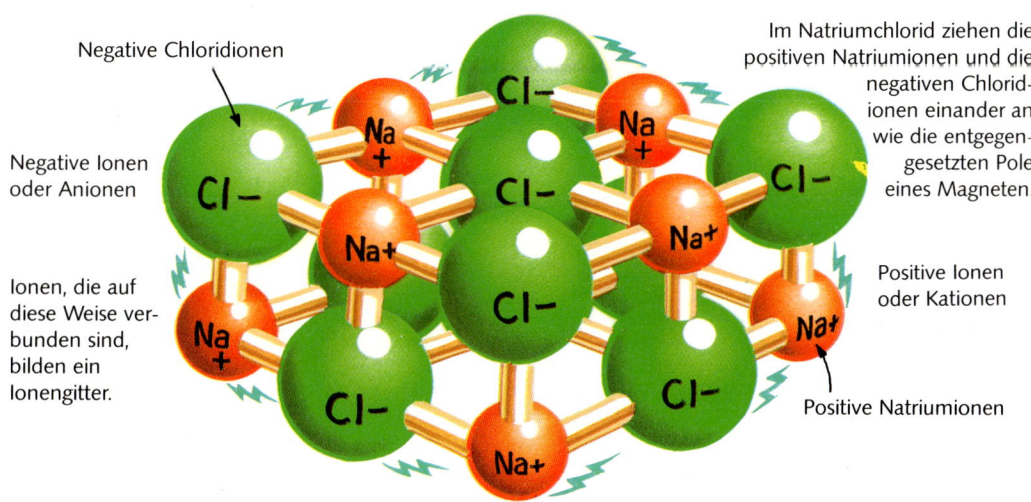

Negative Chloridionen

Negative Ionen
oder Anionen

Ionen, die auf
diese Weise ver-
bunden sind,
bilden ein
Ionengitter.

Im Natriumchlorid ziehen die
positiven Natriumionen und die
negativen Chlorid-
ionen einander an
wie die entgegen-
gesetzten Pole
eines Magneten.

Positive Ionen
oder Kationen

Positive Natriumionen

Wassermoleküle

Ionenverbindungen werden im Wasser in Ionen auf-
gespalten, sind also leicht löslich. Die Wassermoleküle
werden von den Ionen stark angezogen und können
sich zwischen die Ionen schieben.

Woran man eine Ionenverbindung erkennt

Ionenverbindungen setzen sich
gewöhnlich aus einem
Metall und einem
Nichtmetall zusam-
men. Eines ihrer Ele-
mente hat ein Elektron
zuviel und gibt es daher
leicht ab. (Dieses Element
steht im Periodensystem
links.) Das andere Element
hat ein Elektron zuwenig
und nimmt daher leicht
eines auf. (Dieses Element
steht im Periodensystem
rechts.)

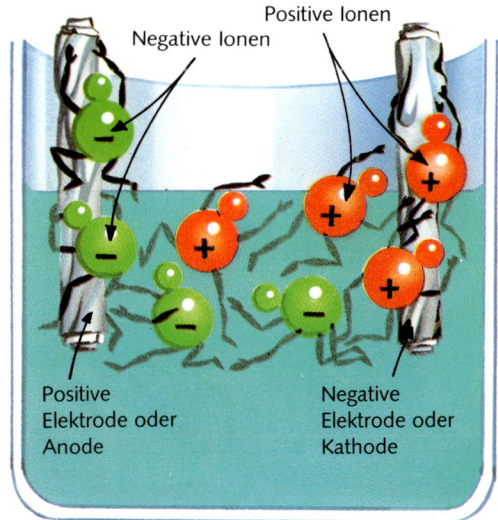

Positive Ionen

Negative Ionen

Positive
Elektrode oder
Anode

Negative
Elektrode oder
Kathode

Ionenverbindungen sind in gelöstem oder geschmolzenem Zustand gute Stromleiter, wenn sie beweg-
liche geladene Teilchen, das heißt Ionen, besitzen.
Elektrischer Strom ist nichts anderes als der Fluß gela-
dener Teilchen. Wird der Strom angeschaltet, dann
fließen alle negativen Ionen zur positiven Elektrode
und die positiven Ionen zur negativen Elektrode.

Verbindungen ohne Ionen

Alle übrigen Verbindungen der Versuchsreihe enthalten Kohlenstoff und Wasserstoff. Wenn du den Aufbau von Kohlenstoff näher betrachtest, dann fällt dir vielleicht auf, daß seine äußere Schale nur mit vier Elektronen besetzt ist. Die Entscheidung, ob Elektronen abgegeben oder aufgenommen werden sollen, um diese Schale aufzufüllen, fällt hier also schwer. Tatsächlich geschieht weder das eine noch das andere, sondern der Kohlenstoff teilt Elektronen mit den Atomen anderer Elemente. Eine Verbindung von Elementen, die sich Elektronen teilen, bezeichnet man als *kovalente* oder *Atombindung*. Sie leitet elektrischen Strom nicht, weil sie keine geladenen Teilchen (Ionen) besitzt.

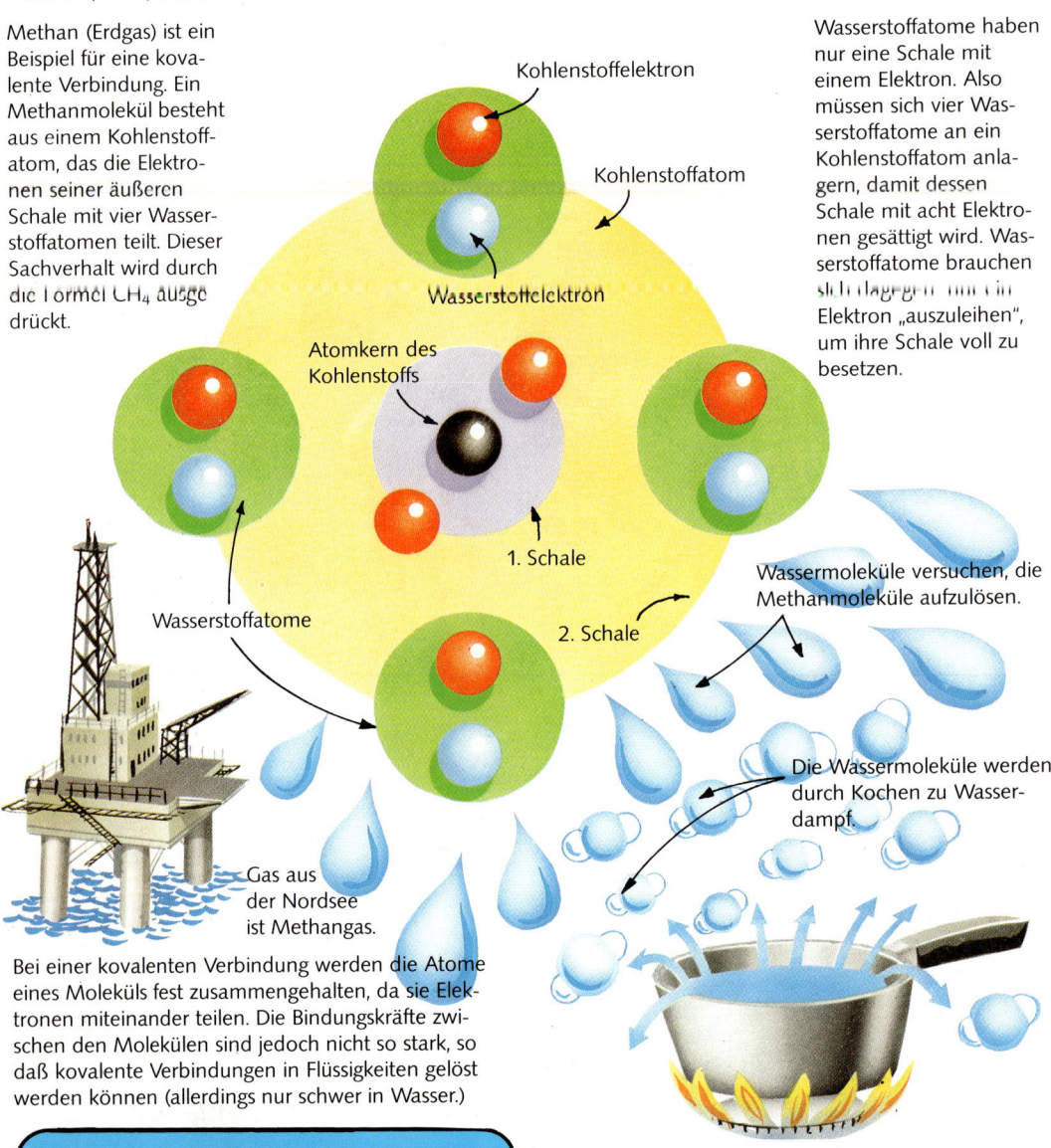

Methan (Erdgas) ist ein Beispiel für eine kovalente Verbindung. Ein Methanmolekül besteht aus einem Kohlenstoffatom, das die Elektronen seiner äußeren Schale mit vier Wasserstoffatomen teilt. Dieser Sachverhalt wird durch die Formel CH_4 ausgedrückt.

Wasserstoffatome haben nur eine Schale mit einem Elektron. Also müssen sich vier Wasserstoffatome an ein Kohlenstoffatom anlagern, damit dessen Schale mit acht Elektronen gesättigt wird. Wasserstoffatome brauchen sich dagegen nur ein Elektron „auszuleihen", um ihre Schale voll zu besetzen.

Kohlenstoffelektron

Kohlenstoffatom

Wasserstoffelektron

Atomkern des Kohlenstoffs

1. Schale

2. Schale

Wasserstoffatome

Gas aus der Nordsee ist Methangas.

Wassermoleküle versuchen, die Methanmoleküle aufzulösen.

Die Wassermoleküle werden durch Kochen zu Wasserdampf.

Bei einer kovalenten Verbindung werden die Atome eines Moleküls fest zusammengehalten, da sie Elektronen miteinander teilen. Die Bindungskräfte zwischen den Molekülen sind jedoch nicht so stark, so daß kovalente Verbindungen in Flüssigkeiten gelöst werden können (allerdings nur schwer in Wasser.)

Ionen- oder Atombindung?

Nachdem du nun einiges über die Eigenschaften der beiden chemischen Bindungsarten erfahren hast, kannst du mit Hilfe der Versuche von Seite 18 die folgenden Verbindungen der einen oder anderen Gruppe zuordnen. (Lösung auf Seite 45.)

Zucker   Spiritus

Nähmaschinenöl   Bittersalz

Die Bindung der Atome innerhalb eines Moleküls ist zwar stark, die Bindungen zwischen den einzelnen Molekülen sind jedoch relativ schwach. Sie lassen sich deshalb leichter trennen als Ionen, die in festen Gittern zusammengehalten werden. Kovalente Verbindungen haben einen niedrigen Siede- oder Schmelzpunkt, weil nicht so viel Wärmeenergie benötigt wird, um ihre Moleküle voneinander zu trennen. Sie sind größtenteils Gase oder Flüssigkeiten, z. B. Wasser.

Die Wertigkeit

Die Anzahl der Elektronen, die ein Atom in einer chemischen Reaktion abgibt, aufnimmt oder mit einem anderen Atom teilt, bezeichnet man als seine Wertigkeit oder *Valenz*. Einige Elemente besitzen mehr als eine Wertigkeit, weil sie sich auf verschiedene Arten verbinden können. Auf Seite 47 findest du eine Liste der Wertigkeiten der gängigsten Elemente. Auch aus der Atomstruktur eines Elements kannst du seine Wertigkeit ermitteln.

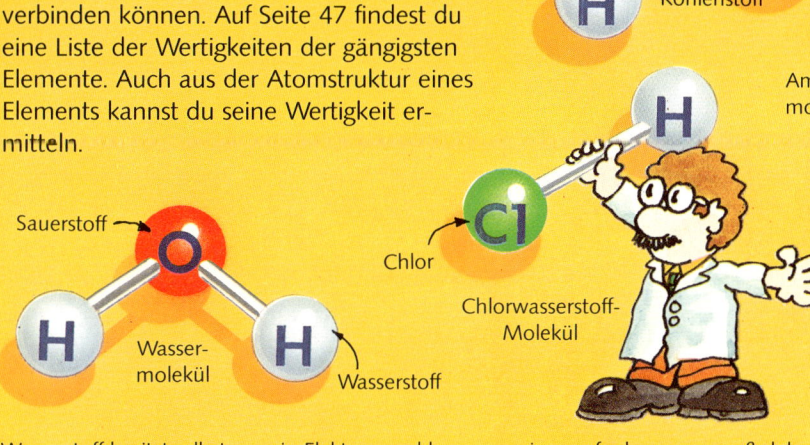

Stickstoff

Methanmolekül

Kohlenstoff

Ammoniak-molekül

Sauerstoff

Wasser-molekül

Wasserstoff

Chlor

Chlorwasserstoff-Molekül

Jeder Verbindungsstab steht für ein gemeinsames Elektronenpaar, das heißt für zwei Elektronen, die sich beide Atome teilen. (Alle abgebildeten Verbindungen sind kovalente Verbindungen.)

Wasserstoff besitzt selbst nur ein Elektron und kann nur eines aufnehmen; es muß daher die Wertigkeit 1 haben. Die Wertigkeit anderer Elemente kannst du aus der Art ableiten, wie sie sich mit Wasserstoff verbinden. In einem Wassermolekül teilt sich das Sauerstoffatom zwei Elektronen mit den beiden Wasserstoffatomen; die Wertigkeit von Sauerstoff ist somit 2*. Versuche nun, auf dieselbe Weise die Wertigkeiten von Kohlenstoff, Stickstoff und Chlor festzustellen. Die Wertigkeit entspricht der Anzahl der „Verbindungsstäbe", die an jedem dieser Atome „befestigt" sind.

Wie man zu einer chemischen Formel kommt

Das Verhältnis, das die verschiedenen Elemente in einer Verbindung zueinander haben, wird in einer Formel angegeben. Es hängt von der Wertigkeit der einzelnen Elemente ab. In einer Verbindung muß die Summe der Wertigkeiten aller beteiligten Elemente immer gleich sein. Elemente, die die gleiche Wertigkeit besitzen, wie Chlor und Wasserstoff, verbinden sich im gleichen Verhältnis miteinander. Die Formel ist in diesem Fall einfach und kommt ohne Zahlen aus. Setzt sich eine Verbindung jedoch aus Elementen mit unterschiedlichen Wertigkeiten zusammen, so ergibt sich die Formel aus dem kleinsten gemeinsamen Vielfachen der Wertigkeiten der beteiligten Elemente. Du kannst also die Formel einer Verbindung immer aus den Wertigkeiten ihrer Elemente berechnen.

Phosphor

Kohlenstoff

Kohlenstoff: Wertigkeit 4
Sauerstoff:　 Wertigkeit 2

Phosphor: Wertigkeit 5**
Sauerstoff: Wertigkeit 2

Die Elemente Kohlenstoff und Sauerstoff erhalten die gleiche Gesamtwertigkeit, wenn sich ein Kohlenstoffatom mit zwei Sauerstoffatomen verbindet. In der Formel erscheint dafür eine kleine $_2$ nach dem O. Die Formel für Kohlendioxid, die Verbindung von Kohlenstoff und Sauerstoff, heißt also CO_2.

Um zur Formel für die Verbindung von Phosphor (Wertigkeit 5) und Sauerstoff (Wertigkeit 2) zu kommen, muß man das kleinste gemeinsame Vielfache suchen (hier 10). Der Phosphor ist also mit 2, der Sauerstoff mit 5 zu multiplizieren, damit man die Verbindung Phosphorpentoxid mit der Formel P_2O_5 erhält.

21

* Die Wertigkeit von Sauerstoff erkennst du aus seiner Atomstruktur.
** Phosphor hat manchmal auch die Wertigkeit 3.

Schnelle und langsame Reaktionen

Manche chemischen Reaktionen dauern nur Sekunden, andere Hunderte oder Tausende von Jahren. Höhlen und Grotten entstehen durch langsame chemische Reaktionen: Der Regen reagiert mit dem Kohlendioxid der Luft, so daß kleine Mengen von schwacher Kohlensäure in den Regentropfen entstehen. Das Regenwasser reagiert mit den Kalkfelsen und höhlt sie langsam aus. Im Lauf von Jahrhunderten gräbt es tiefe Rinnen, die schließlich zu Spalten und Höhlen werden.

Die chemischen Stoffe, die sich durch die Abgase aus Haushalten, Verkehr und Industrie in der Luft entwickeln, reagieren ebenfalls mit der Luftfeuchtigkeit und dem Regen und führen zur Bildung von Salpeter-und Schwefelsäure im Regenwasser. Beide sind starke Säuren und richten mehr Schaden an als Kohlensäure. Der „saure Regen" schädigt die Wälder in der ganzen Welt.

Die Ruinen der Akropolis in Athen stehen schon seit über 2000 Jahren. Sie bestehen aus Marmor (einer Form von Calciumcarbonat), an dem Wind und Regen seit Jahrhunderten „arbeiten". Dieser Zersetzungsprozeß wird durch die Luftverschmutzung in der Großstadt Athen in den letzten Jahren um ein Vielfaches beschleunigt.

Wie man Reaktionen beschleunigt

Dieser Versuch zeigt, wie man eine Reaktion beschleunigen oder verlangsamen kann. Du mußt den Versuch mehrmals wiederholen und dabei immer genau die gleiche Menge an Zutaten verwenden. Der Versuchsaufbau geht aus der Abbildung hervor. Im kleinen Reagenzglas befindet sich Salzsäure, im großen sind einige Marmorsplitter. Du leitest die Reaktion ein, indem du das größere Reagenzglas schüttelst, so daß sich die Zutaten gut vermischen. Das Meßglas sollte zu Beginn des Versuchs mit Wasser gefüllt sein. Stell es auf den Kopf und setz es in eine mit Wasser gefüllte Schüssel. (Halt es dabei gut zu, damit das Wasser nicht herausläuft!)

Durchbohrter Korken

Großes Reagenzglas

Salzsäure

Kleines Reagenzglas

Marmorsplitter

1

Spiritus-brenner

Spiritus

Wiederhole nun den Versuch mit angewärmter Säure. Die Reaktion müßte nun schneller erfolgen. Ähnliches geschieht übrigens, wenn Nahrungsmittel verderben: Bei warmem Wetter werden viele Nahrungsmittel schneller schlecht, während sie sich in einem Tiefkühlschrank monatelang oder sogar jahrelang halten können.

2

Sobald die Reaktion einsetzt, müßten Gasbläschen (Kohlendioxid) im Meßglas aufsteigen. Miß die Zeit, bis sich keine Gasbläschen mehr bilden.

Durch das Gas wird das Wasser aus dem Glas gedrückt.

Glas-röhrchen

Meßzylinder

Gummischlauch

Für den letzten Versuch brauchst du etwas kleinere Marmorstückchen; zerstampfe sie in einem Mörser zu feinem Pulver.

3

Kohlenstücke reagieren nur mit Luft, wenn sie erhitzt sind. Dagegen können Kohlenstaub und Luft auch ohne Hitze miteinander reagieren. Schon durch einen Funken entstehen z. B. Explosionen in Kohlebergwerken.

Wie man Reaktionen „bremst"

Für den nächsten Versuch verdünnst du die Säure mit Wasser. Dadurch müßte die Reaktion langsamer ablaufen. Ähnliches geschieht bei der Entstehung von Höhlen: Die Säure, die dabei mitwirkt, wird ständig durch Regenwasser verdünnt. Deshalb dauert dieser Vorgang so ungeheuer lang.

Was Reaktionen beschleunigt

Wenn du einen Stoff erhitzt, führst du seinen Teilchen mehr Energie zu. Dadurch können sie sich schneller bewegen und stoßen häufiger zusammen. Dabei können sie auch eher auseinanderfallen und wieder anders zusammengefügt werden. Der Unterschied zwischen einem nicht erhitzten und einem erhitzten Stoff läßt sich etwa mit dem Unterschied zwischen Schildkröten und Autos vergleichen: Schildkröten stoßen selten zusammen und nehmen dabei kaum Schaden, Autos stoßen häufiger zusammen und verursachen dabei meist großen Schaden.

Je kleiner die Teilchen eines Stoffes sind, desto schneller reagieren sie mit einem anderen Stoff, weil eine größere Menge des einen Stoffes in unmittelbaren Kontakt mit dem anderen kommt. Die Abbildung unten zeigt rote und blaue Kugeln als Teile verschiedener Stoffe. Werden die großen roten Kugeln in kleinere aufgeteilt, können sich mehr blaue Kugeln anlagern, und die Reaktion läuft schneller ab.

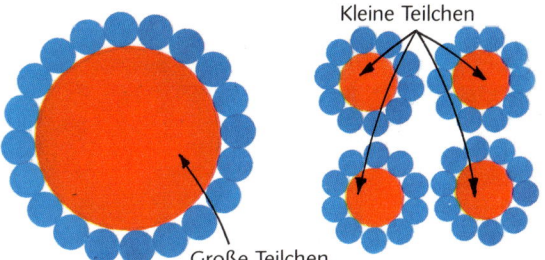

Kleine Teilchen

Große Teilchen

Die Stoffe, die an einer Reaktion teilnehmen, nennt man *Reagenzien*. Je konzentrierter ein Reagens ist, desto mehr Teilchen stehen für eine Reaktion zur Verfügung und desto schneller läuft die Reaktion ab. Bei einem verdünnten Stoff brauchen die Teilchen länger, bis sie „einander finden" und miteinander reagieren können.

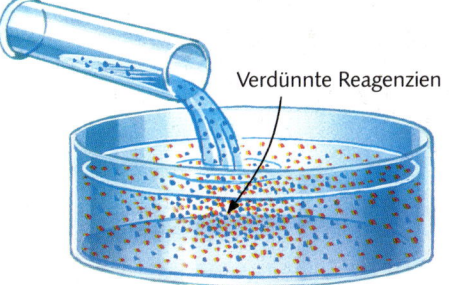

Verdünnte Reagenzien

Wie man chemische Reaktionen beeinflußt

Ein Katalysator beschleunigt eine Reaktion, ohne sich selbst daran zu beteiligen und ohne sich dabei zu verändern. Manche Reaktionen würden ohne Katalysator jahrelang dauern.

Im folgenden Versuch kannst du Wasserstoffperoxid mit Hilfe eines Katalysators in Sauerstoff und Wasser aufspalten. Dafür brauchst du keine Wärme, da Wasserstoffperoxid auf Licht reagiert.

Den Versuchsaufbau kannst du der Abbildung unten entnehmen. Zu Beginn des Versuchs muß das große Reagenzglas mit Wasser gefüllt sein. Halte deinen Daumen darauf, bevor du es umdrehst und in die Schüssel stellst. In der Schüssel sollte so viel Wasser sein, daß die Öffnung des Röhrchens bedeckt ist.

Als Katalysator verwendest du ein kleines Stück rohe Leber oder etwas Mangan(IV)-oxid*. Wieg den Katalysator vor dem Versuch. Nach dem Versuch trocknest du ihn ab und wiegst ihn erneut; damit kannst du beweisen, daß der Katalysator nicht „verbraucht" worden ist.

(Lösung auf Seite 45.)

Gib nun die Leber oder das Mangan(IV)-oxid in das Glas mit dem Wasserstoffperoxid. Innerhalb von Minuten sollten sich kleine Sauerstoffbläschen in der Flüssigkeit bilden. Sie drücken Wasser aus dem Glas durch den Schlauch in die Schüssel.

Der Wasserstand in der Schüssel steigt. Wenn du die Reaktion länger laufen läßt, wird das gesamte Wasser aus dem Glas verdrängt, und die Schüssel läuft über.

Stütz das Reagenzglas so ab, daß es nicht umfällt.

Gummischlauch

Glasröhrchen

Durchbohrter Korken

Glühender Span

Dieser Versuch zeigt, daß das aufsteigende Gas Sauerstoff ist: Zünde einen Holzspan an, blas ihn aus, aber laß ihn weiterglimmen. Drück den Daumen auf das Reagenzglas und nimm es aus der Schüssel. Nun hältst du den glühenden Span in das Röhrchen. Wenn das Gas Sauerstoff ist und nicht gewöhnliche Luft, dann müßte der Holzspan wieder aufflammen.

Um herauszufinden, was der Katalysator bewirkt hat, wiederholst du den Versuch ohne Leber oder Mangan(IV)-oxid. Wie lange dauert es, bis eine Reaktion erfolgt, wenn du die gleiche Menge an Wasserstoffperoxid verwendest?

Wasserstoffperoxid

Mangan(IV)-oxid oder Leber

Katalysatoren werden vor allem in der Industrie gebraucht, z. B. bei der Gewinnung von Benzin, Margarine und Ammoniak. Sie bestehen meist aus Schwer- oder Übergangsmetallen und haben die Form von Körnchen oder Stäbchen.

24

* Mangan(IV)-oxid ist eine Verbindung von Mangan und Sauerstoff.

Wie Katalysatoren wirken

Die Energie, die benötigt wird, um eine Reaktion in Gang zu setzen, nennt man *Aktivierungsenergie*. Wenn man einen Katalysator benutzt, braucht man weniger Aktivierungsenergie, und die Reaktion tritt schneller ein. Die Aktivierungsenergie kannst du dir wie einen Hügel vorstellen, den du erst bezwingen mußt, bevor du deinen Weg fortsetzen kannst; wenn du den Hügel umgehen kannst, erreichst du dein Ziel wahrscheinlich schneller.

Enzyme

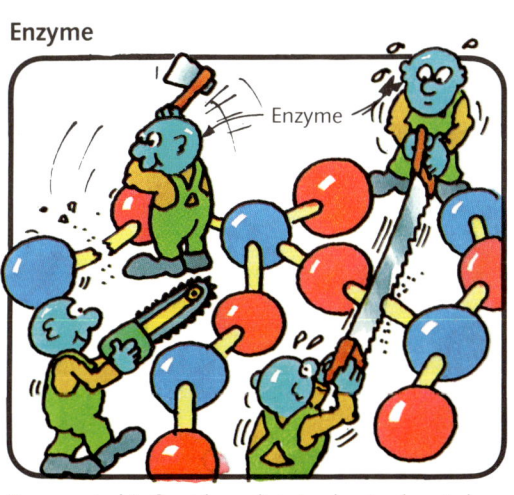

Enzyme sind äußerst kompliziert gebaute chemische Stoffe, die ähnlich wirken wie Katalysatoren. Auch in unseren Körperzellen befinden sich Enzyme. Sie helfen z. B., die Nahrung schneller zu verdauen: Sie spalten die größeren Moleküle in kleinere auf, die besser ins Blut aufgenommen werden können. Auch bei der Herstellung von Käse, Bier, Wein und anderen Nahrungsmitteln werden Enzyme als Katalysatoren verwendet. Enzyme waren bis vor kurzem auch in Waschmitteln enthalten: Sie dienten dazu, eiweißhaltige Flecken (z. B. Blutflecken) abzubauen. Enzyme können allerdings nur bei bestimmten Temperaturen ihre volle Wirkung entfalten.

Ein Enzym bei der Arbeit

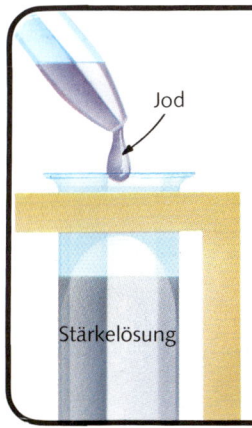

Wenn du etwas Jod in eine Stärkelösung träufelst, färbt sich die Lösung blau. Nimm zwei Reagenzgläser und gib in jedes etwas Stärke (Kartoffelstärke oder Mehl). In eines der Gläschen spuckst du nun ein wenig hinein. Laß beide Reagenzgläser ein paar Tage lang an einer warmen Stelle stehen und teste sie dann mit etwas Jod. Die Stärke in dem einen Glas wird blau, die andere nicht. Das hat einen ganz einfachen Grund: Dein Speichel enthält ein Enzym, die sogenannte Amylase; sie wandelt Stärke in Malzzucker um, der sich bei Zugabe von Jod jedoch nicht verfärbt wie die Stärke.

Wie Metalle reagieren

Einige Metalle sind äußerst reaktionsfreudig, andere Metalle reagieren dagegen fast gar nicht. Die reaktionsfreudigen Metalle treten selten als Elemente auf. Sie bilden stabile Verbindungen, die nur schwer zu trennen sind. In der Spannungsreihe auf dem Band unten sind die Metalle nach der Stärke ihrer Bereitschaft zur Reaktion mit Luft und Wasser aufgeführt.*

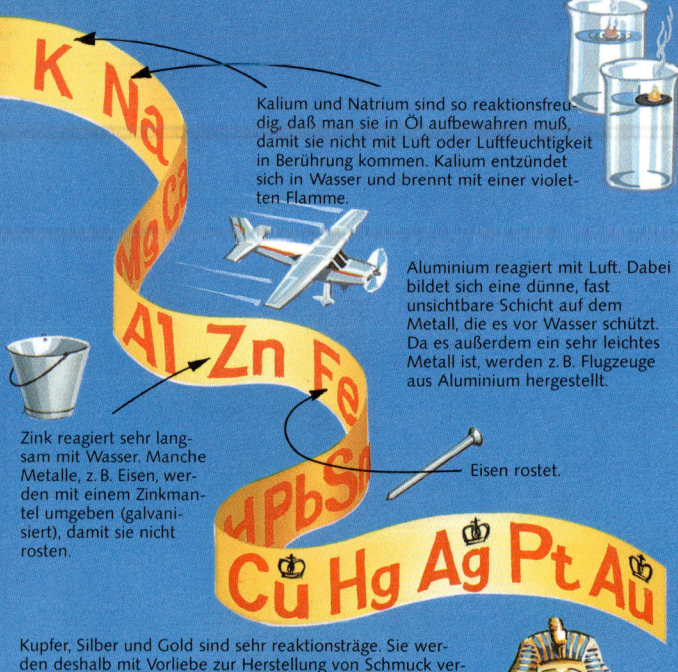

Kalium und Natrium sind so reaktionsfreudig, daß man sie in Öl aufbewahren muß, damit sie nicht mit Luft oder Luftfeuchtigkeit in Berührung kommen. Kalium entzündet sich in Wasser und brennt mit einer violetten Flamme.

Aluminium reagiert mit Luft. Dabei bildet sich eine dünne, fast unsichtbare Schicht auf dem Metall, die es vor Wasser schützt. Da es außerdem ein sehr leichtes Metall ist, werden z. B. Flugzeuge aus Aluminium hergestellt.

Zink reagiert sehr langsam mit Wasser. Manche Metalle, z. B. Eisen, werden mit einem Zinkmantel umgeben (galvanisiert), damit sie nicht rosten.

Eisen rostet.

Kupfer, Silber und Gold sind sehr reaktionsträge. Sie werden deshalb mit Vorliebe zur Herstellung von Schmuck verwendet. Die Goldmaske des altägyptischen Königs Tutenchamun hat schon mehr als drei Jahrtausende überdauert.

Woher kommt der Rost?

Rost entsteht aus einer chemischen Reaktion zwischen Luft, Wasser und Eisen oder eisenhaltigen Metallen. Der folgende Versuch verdeutlicht die Ursache für die Entstehung von Rost. Du brauchst dazu fünf Reagenzgläser, in die du etwas Stahl- oder Eisenwolle gibst.

Oxidation

Die Anordnung der Elemente in der Spannungsreihe liefert dir die Erklärung für einige chemische Reaktionen: Reagiert ein Element mit Sauerstoff, so entsteht dabei eine Verbindung, die man Oxid nennt. Chemiker nennen den Vorgang Oxidation. Die Bildung von Rost ist eine solche Oxidation. Metalle, die weiter hinten in der Spannungsreihe stehen, z. B. Kupfer, reagieren nicht leicht mit Sauerstoff. Erst wenn sie zusammen mit Luft erhitzt werden, findet eine Reaktion statt. Wenn ein Stoff mit Sauerstoff reagiert und dabei Flammen bildet, so spricht man von *Verbrennung*.

Auch in deinem Körper findet eine Oxidation statt: Die Nahrung, die du zu dir nimmst, verbindet sich im Körper mit dem eingeatmeten Sauerstoff. Dadurch wird Energie frei, die du für die Aufrechterhaltung der Körpertemperatur und für Muskelbewegungen brauchst.

Außerdem füllst du jeweils eines der Gläser mit einem der folgenden Stoffe:
1. Leitungswasser
2. Gekochtes Wasser. (Durch Kochen verschwinden die Luftbläschen aus dem Wasser). Du mußt das Glas fest verkorken, damit keine Luft eindringen kann!
3. Dieses Reagenzglas bleibt offen, so daß Luft (und damit Luftfeuchtigkeit) eindringen kann.
4. Leitungswasser und Kochsalz
5. Trockene Luft. Um den Wasserdampf aus der Luft zu beseitigen, schüttest du etwas Calciumchlorid in das Gläschen und verschließt es dann luftdicht.

Du mußt die Gläser mindestens einen Tag lang stehenlassen, bevor sich eine Reaktion zeigt. Die Eisenwolle im vierten Glas müßte zuerst rosten. Der Rost wird durch eine Reaktion des Eisens mit Wasser und Luft hervorgerufen und durch Salz beschleunigt. Die Stahlwolle im zweiten und fünften Glas rostet nur, wenn Luft und Feuchtigkeit durch den Korken in das Glas eindringen können.

* Die vollständige Spannungsreihe findest du auf Seite 47.

Verbrennung

Wenn ein Stoff „brennt", reagiert er mit dem Sauerstoff aus der Luft. Dabei wird Energie in Form von Wärme und Licht abgegeben. Brennen ist also eine Form von Oxidation, bei der Flammen gebildet werden. Die meisten brennbaren Stoffe muß man allerdings erst auf eine bestimmte Temperatur erhitzen, bevor sie anfangen zu brennen.

Warum brennt auf dem Mond nichts?

Wenn du es nicht weißt, schau nach auf Seite 45.

Reduktion

Reduktion ist das Gegenteil von Oxidation: Wenn ein Stoff an einen anderen Stoff Sauerstoff abgibt, so sagt man in der Chemie, der Stoff sei reduziert worden. Der Stoff, der den Sauerstoff aufnimmt, wird dagegen oxidiert. Oxidation und Reduktion sind also Erscheinungsformen der gleichen Reaktion. Metalle, die ganz vorn in der Spannungsreihe stehen, reagieren stark mit Sauerstoff und können weniger reaktionsfreudigen Metallen Sauerstoff entziehen. Dabei findet aber nicht nur Entzug von Sauerstoff statt: Wenn du ein Stück Metall in die Salzlösung eines weniger reaktionsfreudigen Metalls (eines sogenannten Edelmetalls) legst, so wird das weniger edle Metall das Edelmetall aus der Salzlösung „verdrängen".

Sulfat

Kupfer

Eisen

Lege einen Eisennagel in eine Kupfersulfat-Lösung. Das Kupfer wird sich am Nagel abscheiden und ihn rosa färben, weil es vom Eisen aus der Lösung „verdrängt" wird. Chemiker sprechen deshalb hier von einer Verdrängungsreaktion.

Bunte Flammen

Bei der Verbrennung mancher Metalle zeigt die Flamme eine bestimmte Färbung. Mit Hilfe dieser Färbung läßt sich feststellen, ob in einer Verbindung mit unbekannten Bestandteilen ein bekanntes Metall enthalten ist. Um das auszuprobieren, brauchst du einen reaktionsträgen Draht, z. B. einen Chrom-Nickel-Draht, der den Versuch nicht durch eine eigene Reaktion beeinflußt. Tauch ihn kurz in Salzsäure, um ihn zu reinigen, dann erhitze ihn, bis er glüht. Wenn er farblos brennt, tauchst du den Draht in die unbekannte Verbindung und erhitzt ihn wieder.

Calcium

Kupfer

Natrium

Lithium

Kalium

Barium

Feuerwerksraketen bestehen aus Verbindungen, die Calcium, Strontium (weinrote Flammenfärbung) und Barium enthalten.

Säuren, Basen und Salze

Säuren, Basen und Salze sind drei wichtige Gruppen chemischer Stoffe. Die meisten Verbindungen kannst du einer dieser drei Gruppen zuordnen. Säuren sind Verbindungen, die bei Zugabe von Wasser Wasserstoffionen (Protonen) abgeben. Viele Säuren enthalten auch Sauerstoff als Teil eines Säurerest-Ions*. Basen sind gewöhnlich Metalloxide oder sogenannte Hydroxide. Salze bestehen aus Metallionen und Säurerest-Ionen. Die meisten Verbindungen, die auf -id, -it und -at enden (mit Ausnahme der Oxide und Hydroxide), sind Salze.

Alle Dinge, die hier rechts abgebildet sind, enthalten mehr oder weniger starke Säuren. Säuren schmecken sauer und riechen in hoher Konzentration stechend – chemische Stoffe solltest du aber nie probieren!! Starke Säuren verätzen die Haut und können sogar Metalle auflösen.

Essig · Autobatterie · Brennnesseln · Zitronen · Teeblätter · Ameisen

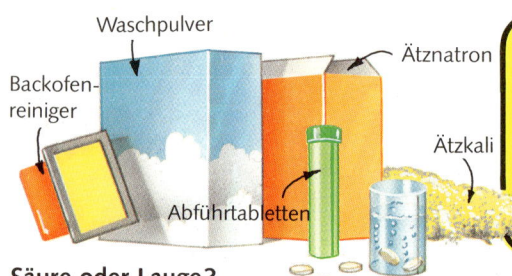

Waschpulver · Ätznatron · Backofenreiniger · Ätzkali · Abführtabletten

Chemisch gesehen sind Basen das Gegenteil von Säuren. Basen, die in Wasser löslich sind, nennt man auch Laugen. Sie schmecken nach Seife und fühlen sich glitschig an. Starke Laugen verätzen ebenfalls die Haut und können Stoffe auflösen. Alle Stoffe, die hier links abgebildet sind, enthalten Laugen.

Säure oder Lauge?

Ob eine Flüssigkeit eine Säure oder eine Lauge ist, kannst du mit Hilfe eines sogenannten Indikators, z. B. mit Lackmuspapier, feststellen: Säuren färben blaues Lackmuspapier rot, Laugen färben rotes Lackmuspapier blau.

SÄURE · LAUGE

Chemiker verwenden eine Zahlenreihe, die sogenannten pH-Werte, um anzugeben, wie stark die Säure oder die Lauge eines Stoffes ist. Die Zahlen 1 bis 6 bezeichnen Säuren, die Zahlen 8 bis 14 Laugen. Der Wert 7 gibt an, daß der Stoff „neutral" ist. Bei der Verwendung von sogenanntem Universal-Indikatorpapier verändert sich die Farbe allmählich, je nach der Stärke der Säure oder Lauge. (Die auftretenden Farbänderungen können je nach der Zusammensetzung des Indikatorpapiers voneinander abweichen.)

1 2 3 4 5 6 7 8 9 10 11 12 13 14

| STARK SAUER | SCHWACH SAUER | NEUTRAL | SCHWACH BASISCH | STARK BASISCH |

Besorg dir Universal-Indikatorpapier und versuche, damit die pH-Werte der folgenden Verbindungen herauszufinden: Apfelsaft, Paraffin, Zahnpasta, Salz, Zucker, Haushaltsreiniger. (Festkörper mußt du zuerst in Wasser auflösen.)

* Ein Säurerest entsteht wenn man einer Säure Wasserstoffionen entzieht, z. B. CO_3 (Carbonat) aus H_2CO_3 (Kohlensäure).

Wie man Säure „entschärft"

Säure + Lauge → Salz + Wasser

Wenn Säuren und Laugen im richtigen Verhältnis miteinander vermischt werden, *neutralisieren* sie einander, und es entsteht ein „neutrales" Salz. Anders als Säuren und Laugen ätzen neutrale Salze nicht. Kochsalz ist z. B. ein neutrales Salz, aber es gibt noch viele andere.
Kochsalz kannst du selbst herstellen: Schütte etwas verdünnte Salzsäure in ein Marmeladeglas. Halte einen

Streifen blaues Lackmuspapier hinein – es müßte sich rot färben. Dann gib tropfenweise mit Wasser verdünnte Natronlauge hinzu. Falls das Lackmuspapier jetzt blau wird, schüttest du noch etwas Säure nach, bis das Papier sich lila färbt. Dann läßt du die Flüssigkeit teilweise verdampfen und den Rest verdunsten. Danach müßten Salzkristalle zurückbleiben.

Neutralisiertricks

Zitronensaft schmeckt bekanntlich sauer. Wenn du eine Messerspitze Backpulver in den Zitronensaft mischst, wird die Säure neutralisiert und schmeckt nicht mehr sauer.

Wenn man zuviel gegessen und sich deswegen zuviel Magensäure gebildet hat, bekommt man Verdauungsbeschwerden. Zur Linderung kann man Natron einnehmen, das schwach basisch reagiert.

Schmerzende Bienenstiche kannst du mit Natriumhydrogencarbonat (Natron) lindern, einer basisch reagierenden Verbindung.

Einige Pflanzen ziehen basischen Boden vor, andere sauren Boden. Hortensien blühen nur auf basischem Boden mit rosa oder weißen Blüten. Setzt man der Erde eine bestimmte säurehaltige Verbindung zu, blüht die Hortensie blau.

Wie Säuren sonst noch reagieren

Säure + Metall → Salz + Wasserstoff

Säuren reagieren mit Metallen, indem sie Wasserstoff abgeben. Voraussetzung dafür ist, daß das Metall in der Spannungsreihe vor dem Wasserstoff steht. Da es reaktionsfreudiger ist, ersetzt das Metall den Wasserstoff in der Säure. Schütte etwas Essig auf einige Kristalle Zinkgranulat in einem Reagenzglas*: Es müßten sich Gasbläschen bilden. Halte den Daumen auf das Glas, damit das Gas nicht entweichen kann. Dann steckst du einen glimmenden Span in das Reagenzglas. Wenn das Gas Wasserstoff ist, entzündet sich der Span mit einem leichten „Puff".

Säure + Carbonat → Salz + Kohlendioxid + Wasser

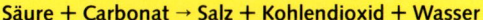
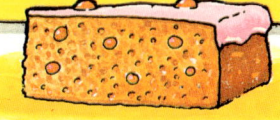

Säuren reagieren mit Kohlenstoff, indem sie Kohlendioxid abgeben. Welche Wirkung diese Reaktion hat, hast du schon gemerkt, wenn du den Versuch auf Seite 22 durchgeführt hast. Eine ähnliche Reaktion findet statt, wenn Kuchenteig „geht": Backpulver enthält Weinsäure und Natriumhydrogencarbonat. Werden sie erwärmt, so reagieren sie miteinander und erzeugen Kohlendioxidbläschen im Kuchenteig, die den Teig dann aufgehen lassen.

29

* Immer die Säure dem anderen chemischen Stoff hinzugeben, nie umgekehrt!

Was ist organische Chemie?

Organische Chemie ist die Lehre von den Verbindungen, die Kohlenstoff enthalten*. Sie heißt deshalb „organisch", weil die Chemiker lange Zeit glaubten, diese Verbindungen kämen nur in lebenden Organismen vor. Zwar enthalten wirklich alle Lebewesen Kohlenstoff, aber für Kunststoffe, Medikamente, Kunstfasern und viele andere künstlich hergestellte Stoffe gilt das genauso. Trotz dieser Erkenntnis hat man die alte Bezeichnung beibehalten.

Kohlenstoffverbindungen bestehen oft aus sehr großen, manchmal riesigen Molekülen mit Hunderten oder sogar Tausenden von Atomen. Die Ursache dafür ist, daß Kohlenstoffatome sich kovalent, also sehr fest mit-

einander verbinden und dabei lange Ketten und Ringe bilden können. Organische Verbindungen enthalten außer Kohlenstoff gewöhnlich nur wenige andere Elemente – z. B. Wasserstoff und Sauerstoff. Dafür gibt es viele unterschiedliche Kombinationsmöglichkeiten, so daß sich aus diesen wenigen Stoffen eine große Anzahl der verschiedensten Verbindungen ergibt.

Kohlenstoff-Test

Alle Nahrungsmittel bestehen aus organischen Verbindungen. Sie werden oft schwarz, wenn man sie verbrennt – wie Kohle, die ja auch eine Form von Kohlenstoff ist. Dabei geben sie Kohlendioxid ab.

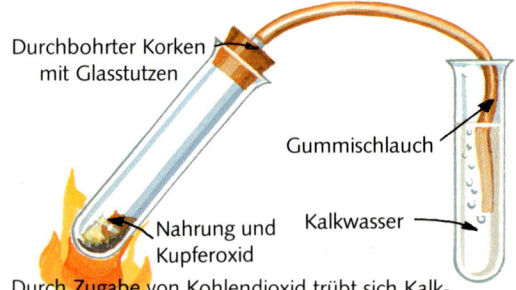

Durchbohrter Korken mit Glasstutzen

Gummischlauch

Nahrung und Kupferoxid

Kalkwasser

Durch Zugabe von Kohlendioxid trübt sich Kalkwasser milchig weiß. Du kannst das selbst feststellen, wenn du Kohlendioxid durch Kalkwasser leitest. Um Kalkwasser herzustellen, löst du etwas Calciumhydroxid in einem Glas Wasser auf. Ein Teil des Calciumhydroxids wird sich am Boden absetzen; den Rest, eine klare Flüssigkeit, schüttest du in ein Reagenzglas.

Dasselbe geschieht mit der Nahrung im Körper: Dort laufen sehr viele organisch-chemische Reaktionen ab. Der Körper oxidiert die Nahrung, und Kohlendioxid wird ausgeatmet. Blase mit einem Strohhalm in ein Glas mit Kalkwasser**. Was geschieht?

Wie unsere Nahrung verdaut wird

Nahrungsmittel bestehen zum größten Teil aus Kohlenhydrat-, Protein- und Fettmolekülen. Sie werden durch den Verdauungsvorgang in ihre Grundbausteine zerlegt. Die Zerlegung der Nährstoffe erfolgt mit Hilfe von sogenannten Biokatalysatoren: Das sind Enzyme, die im Mund, im Magen und im Dünndarm wirken. Einige dieser Enzyme werden hier vorgestellt.

Das ist ein Stärkemolekül. Viele Nahrungsmittel enthalten Stärke: Brot, Kartoffeln, Kuchen, Gemüse. Stärkemoleküle bestehen aus Traubenzuckermolekülen, die miteinander verbunden sind.

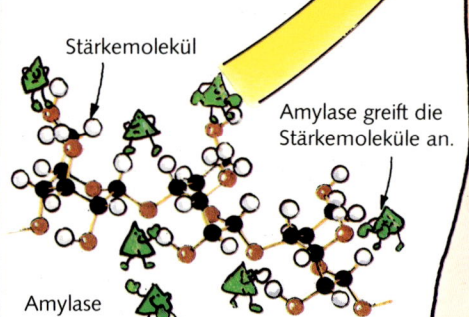

Stärkemolekül

Amylase greift die Stärkemoleküle an.

Amylase

* Einige einfache kohlenstoffhaltige Verbindungen, z. B. Kohlendioxid, werden nicht zu den organischen Stoffen gezählt.   ** Paß auf, daß du nicht einatmest und dabei Kalkwasser schluckst!

DNS-Molekül

Die Säure des Lebens

Eine sehr interessante organische Verbindung ist die DNS (Desoxyribonukleinsäure). Sie ist in allen lebenden Zellen enthalten. Die beiden englischen Wissenschaftler Francis Crick und James Watson haben 1954 herausgefunden, daß DNS-Moleküle die Form einer doppelten Spirale haben – wie zwei umeinander gewundene Wendeltreppen.

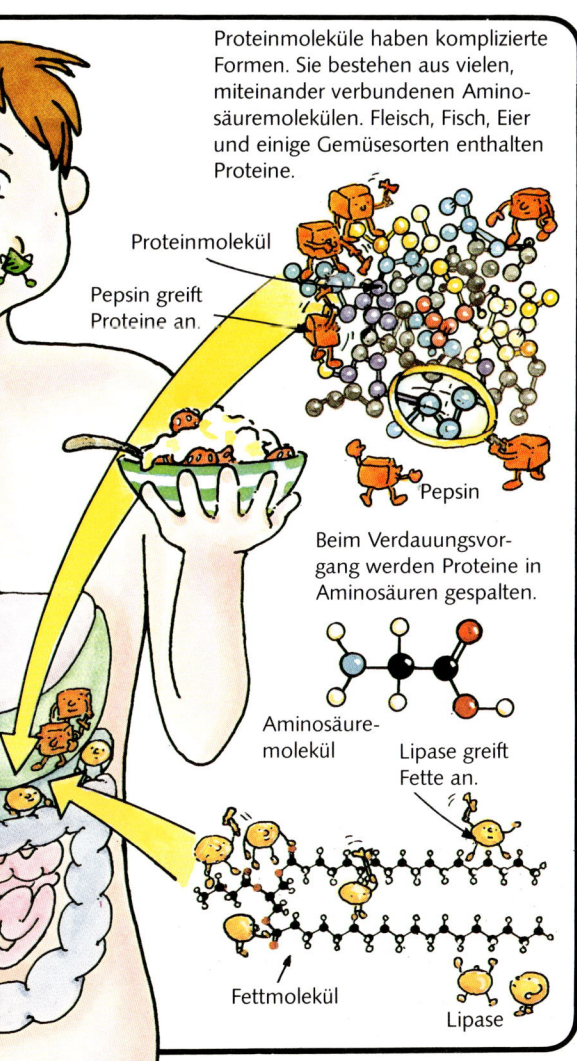

Proteinmoleküle haben komplizierte Formen. Sie bestehen aus vielen, miteinander verbundenen Aminosäuremolekülen. Fleisch, Fisch, Eier und einige Gemüsesorten enthalten Proteine.

Proteinmolekül

Pepsin greift Proteine an.

Pepsin

Beim Verdauungsvorgang werden Proteine in Aminosäuren gespalten.

Aminosäuremolekül

Lipase greift Fette an.

Fettmolekül

Lipase

Wie Alkohol entsteht

Der Vorgang, bei dem Kohlenhydrate mit Hilfe von Enzymen aus Hefepilzen in Alkohol umgewandelt werden, heißt *Gärung*. Es gibt viele verschiedene Arten von Alkohol. Die Fachbezeichnung für den Alkohol in alkoholischen Getränken ist Ethanol.

In der Mostküche

Du kannst Fruchtsaft gären lassen: Dazu mischst du einen Liter Fruchtsaft mit ungefähr 200 Gramm Zucker, einer Messerspitze Hefe und etwas Wasser. Schütte alles in eine Flasche und verschließe sie mit einem durchbohrten

Korken. In den Korken steckst du ein Röhrchen, dessen anderes Ende in einem Glas mit Kalkwasser hängt. Durch dieses Röhrchen kann Kohlendioxid aus dem Fruchtsaft entweichen, ohne daß Sauerstoff hineingelangt.

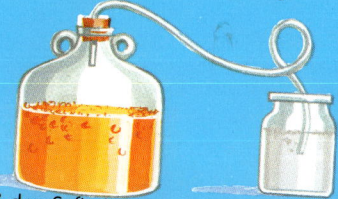

Laß den Saft ein paar Tage lang an einem warmen Ort stehen. Das Kalkwasser müßte sich milchig-weiß trüben, ein Beweis dafür, daß sich in der Saftflasche Kohlendioxid gebildet hat. Es dauert allerdings noch einige Wochen, bis die Gärung beendet ist.

Alkohol reagiert mit Sauerstoff unter Bildung von organischen Säuren. Wenn man eine Flasche Wein ein paar Tage lang offen stehenläßt, wird der Alkohol im Wein durch den Luftsauerstoff oxidiert. Das Ergebnis ist die sauer schmeckende Essigsäure.

Die Kohlenwasserstoffe

Organische Verbindungen lassen sich in bestimmte Gruppen unterteilen. Die einfachste dieser Gruppen sind die Kohlenwasserstoffe. Diese gliedern sich wiederum in Untergruppen mit ähnlichen chemischen Eigenschaften, die sich je nach der Größe der Moleküle verändern.

Alkane

In der Tabelle nebenan findest du die ersten sechs Mitglieder der Gruppe Alkane. Methan ist die einfachste organische Verbindung. Wie bei allen Kohlenwasserstoffen wächst die Größe jedes Alkans nach einem bestimmten Muster*. Alkane sind ziemlich reaktionsträge. Sie werden als gesättigte Kohlenwasserstoffe bezeichnet und haben nur kovalente Einfachbindungen. Vom Pentan an gibt die erste Silbe der Bezeichnung eines Alkans Auskunft über die Zahl seiner Kohlenstoffatome.**

Alkane mit weniger als vier Kohlenstoffatomen sind Gase. Besitzen sie zwischen fünf und 16 Kohlenstoffatome, sind sie Flüssigkeiten (z. B. Benzin). Alkane mit mehr als 16 Kohlenstoffatomen sind Festkörper (z. B Kerzenwachs).

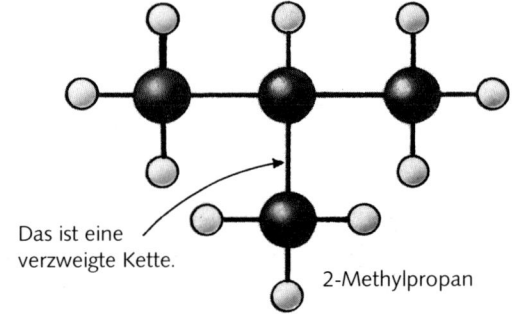

Name	Formel	Siedepunkt °C	Verwendung
Methan	CH_4	-162 °C	
Ethan	C_2H_6	-89 °C	Erdgas
Propan	C_3H_8	-4 °C	Campinggas
Butan	C_4H_{10}	-1 °C	
Pentan	C_5H_{12}	+36 °C	
Hexan	C_6H_{14}	+69 °C	Benzin

Dies bezeichnet man als unverzweigte Kette.

Isomere

Isomere sind Verbindungen, für die zwar die gleiche Formel gilt, die sich aber in ihrem Aufbau voneinander unterscheiden. Die Anzahl der Atome jedes beteiligten Elements ist die gleiche, ihre Anordnung ist jedoch unterschiedlich. Rechts ist 2-Methylpropan dargestellt, ein Isomer von Butan. Anders als Butan hat es eine verzweigte Kettenstruktur. Wenn du die einzelnen Atome von 2-Methylpropan und von Butan zählst, wirst du feststellen, daß die Anzahl ihrer Atome bei beiden gleich ist. Aufgrund ihres unterschiedlichen Aufbaus verhalten sie sich jedoch unterschiedlich.

Das ist eine verzweigte Kette.

2-Methylpropan

Wir bauen ein Molekülmodell

Chemiker bauen sich oft Modelle von Molekülen, um sich den Ablauf einer chemischen Reaktion besser vorstellen zu können. Durch ein solches dreidimensionales Hilfsmittel lassen sich komplizierte Moleküle besser darstellen als durch eine zweidimensionale Zeichnung. Du kannst dir selbst das Modell eines Ethanolmoleküls bauen: Dazu brauchst du nur Streichhölzer und Plastilin. Forme aus der Knetmasse zwei große schwarze, sechs kleine weiße und eine große rote Kugel.

Nimm eine der schwarzen Kugeln (Kohlenstoffatom) und steck vier Streichhölzer ▶ hinein – so, wie es die Abbildung zeigt.

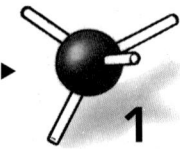

Mach dasselbe mit der zweiten Kugel, zieh aber diesmal eines der Streichhölzer wieder heraus. ◀ Steck in das entstandene Loch das Ende eines Streichholzes des ersten „Kohlenstoffatoms". Nun sind die beiden ersten Atome miteinander verbunden.

An fünf Enden der heraustehenden Streichhölzer befestigst du nun die ▶ weißen Kugeln (Wasserstoffatome) und am sechsten Ende eine rote Kugel (Sauerstoffatom).

* Die Formel dafür heißt: C_nH_{2n+2}.
** Vom fünften Stoff an leitet sich die erste Silbe des Namens vom griechischen Wort für die jeweilige Zahl ab.

Alkene

Auch die Alkene gehören zu den Kohlenwasserstoffen. In jedem Alkenmolekül sind zwei Wasserstoffatome weniger als im entsprechenden Alkan. Die Alkene bezeichnet man als ungesättigt, weil sie Doppelbindungen besitzen. Das bedeutet, daß sich die Kohlenstoffatome jeweils zwei Elektronenpaare teilen. Aufgrund dieser „zusätzlichen" Bindung, mit der sie sich mit anderen Atomen und Molekülen verknüpfen können, sind die Alkene ziemlich reaktionsfreudig.

Doppelbindung

Das ist Ethen, das einfachste Alken.

Polymere

Polymere sind Riesenmoleküle, die aus einer Kette von vielen kleinen identischen Molekülen bestehen. Solche kleineren Moleküle nennt man Monomere. Sie besitzen Doppel- oder Dreifachbindungen, die sich öffnen, wenn die Moleküle sich miteinander verbinden. Diesen Vorgang bezeichnet man als *Polimerisation*. Unter den in der Natur vorkommenden Stoffen finden wir viele Polymere, z. B. die Zellulose der Pflanzen.

Polyethenmoleküle enthalten bis zu 50 000 Atome.

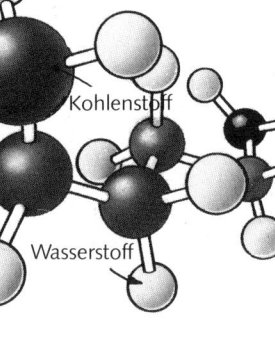

Kohlenstoff

Wasserstoff

Das ist Polyethen, eine andere Bezeichnung für den Kunststoff Polyethylen. Es besteht aus vielen aneinandergehängten Ethenmolekülen.

Polymer ist griechisch und bedeutet „viele Teile".

Alkine

Alkine sind noch reaktionsfreudiger als Alkene. In jedem ihrer Moleküle fehlen vier Wasserstoffatome; die Kohlenstoffatome müssen also drei Elektronenpaare mit ihnen teilen. Man spricht deshalb von einer Dreifachbindung.

Dreifachbindung

Zyklische Kohlenwasserstoffe

Einige Kohlenwasserstoffe, z. B. Benzol, enthalten ringförmig angeordnete Atome. Dieser Aufbau wurde im 19. Jahrhundert von dem deutschen Chemiker August Kekulé entdeckt. Über seine Vorstellung machte man sich damals durch eine Zeichnung lustig, auf der sechs Affen im Kreis sitzen: Sie formen mit den Pfoten Einfachbindungen und mit den Schwänzen zusätzliche Doppelbindungen.

Um dein Modell zu vollenden, mußt du noch ein Streichholz in das Sauerstoffatom stecken. Am anderen Ende dieses Streichholzes wird ein Wasserstoffatom befestigt.

4

Vielleicht kannst du aus dem gleichen Material auch ein Ethanolisomer bauen: Nimm dein Modell auseinander und steck es neu zusammen; dabei mußt du aber die alten Löcher wieder benutzen. Wie es geht, steht auf Seite 45.

Benzolring

33

Organische Verbindungen, die wir brauchen

Erdöl

Erdöl enthält eine Reihe von Alkanen mit unterschiedlichen Siedepunkten. In einem Prozeß, den man *fraktionierte Destillation* nennt, läßt es sich in viele nützliche Produkte aufspalten. Das Öl wird dabei erhitzt, und die einzelnen Produkte, die sogenannten Fraktionen, werden bei unterschiedlichen Temperaturen entnommen.

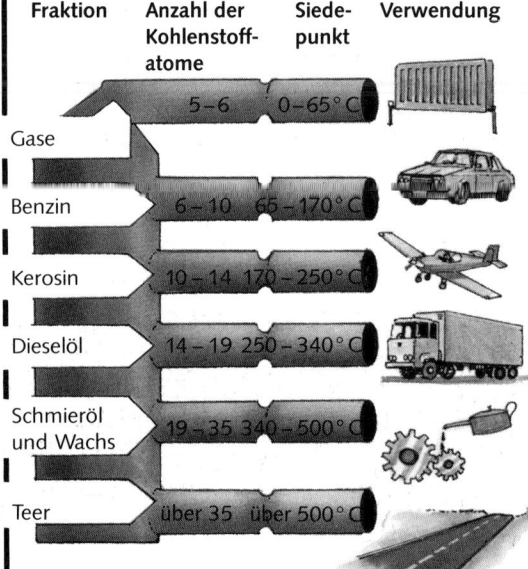

Fraktion	Anzahl der Kohlenstoffatome	Siedepunkt	Verwendung
Gase	5–6	0–65° C	
Benzin	6–10	65–170° C	
Kerosin	10–14	170–250° C	
Dieselöl	14–19	250–340° C	
Schmieröl und Wachs	19–35	340–500° C	
Teer	über 35	über 500° C	

Wie man Erdöl „krackt"

Viele der nützlichen Alkane, z. B. Benzin, bestehen aus kleinen Molekülen mit niedrigem Siedepunkt. Erdöl enthält viele Alkane mit größeren Molekülen und hohem Siedepunkt. Die weltweite Nachfrage nach Benzin kann allein durch die fraktionierte Destillation von Erdöl nicht befriedigt werden. Man hat jedoch eine Möglichkeit gefunden, die schweren Öle in leichtere umzuwandeln: Man bringt sie mit einem Katalysator auf sehr hohe Temperaturen. Diesen Vorgang nennt man *kracken* (auf deutsch „aufbrechen").

Vorher

Nachher

Lange Ketten werden zu kürzeren gebrochen.

Einer der wertvollsten Bestandteile von Benzin ist 2,2,4-Trimethylpentan (früher „Isooktan" genannt). Mit der Oktanzahl wird noch heute die Qualität von Benzin angegeben: Je höher sie ist, desto besser ist das Benzin.

Kunststoffe

Die Kunststoffe gehören zu einer Gruppe von Polymeren, die meist künstlich hergestellt werden. Ihre Eigenschaften sind für uns von großem Nutzen: Sie sind strapazierfähig, leicht zu reinigen und zu färben. Sie isolieren gegenüber Kälte, Wärme und Elektrizität. Sie nützen sich wenig ab und verrotten kaum.

Es gibt zwei große Gruppen von Kunststoffen, die *Thermoplaste* und die *Duroplaste*. Zu den Thermoplasten gehören Polyethen (Polyethylen), PVC, Nylon und Styropor (Polystyrol). Ihre Moleküle sind in geraden, nicht miteinander verbundenen Ketten angeordnet. Sie können immer wieder erhitzt, neu geformt und gehärtet werden.

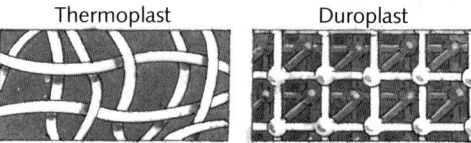

Thermoplast   Duroplast

Duroplaste schmelzen nicht. Ihre Moleküle sind in starren Ketten miteinander verbunden. Sie können nicht ein zweites Mal geformt werden. Resopal und Bakelit (der erste Kunststoff, der 1933 hergestellt wurde) gehören zu den Duroplasten.

Kunststoff aus der Küche

Erwärme etwas entrahmte Milch (etwa einen Tag alt) in einem Topf. Füg tropfenweise Essig hinzu, bis ein weißer elastischer Stoff entsteht.

Welcher Kunststoff ist das?

Versuch	PVC	Styropor	Polyethylen
Läßt er sich leicht brechen/schneiden	Mit einer Schere	Bricht unter Hammerschlägen.	Mit einer Schere
Läßt er sich leicht biegen?	In der Regel schon	In der Regel nicht	Manche ja, andere überhaupt nicht
Schwimmt er?	Nein	Ja	Ja
Wird er beim Erhitzen weich?	Ja	Ja	Ja
Brennt er?	Nur schwer und nicht lange. Erzeugt weißen, beißenden Rauch; gelbe Flamme.	Brennt leicht und lange. Erzeugt Geruch nach Blütenduft; Flamme tiefgelb.	Brennt leicht und lange. Erzeugt Geruch nach Wachs; Flamme gelbblau mit wenig Rauch.

VORSICHT! Rauch + Dämpfe

Fette

Tierfette und Pflanzenöle gehören zu einer Gruppe von Verbindungen, die man *Ester* nennt. Ester sind eine Verbindung von organischen Säuren und Alkoholen. Fette können fest oder flüssig sein. Sie lösen sich nicht in Wasser, wohl aber in vielen organischen Lösungsmitteln, z. B. in Fleckenwasser. Sie besitzen eine geringere Dichte als Wasser und schwimmen deshalb auf dem Wasser.

Was sind ungesättigte Fette?

Bei einigen Margarinesorten wird von der Werbung herausgestellt, daß sie ungesättigte Fettsäuren enthalten. Das bedeutet, daß ihre Moleküle viele Doppel- und Dreifachbindungen haben, weil sie nicht genügend Wasserstoffatome besitzen. Ungesättigte Fette sollen angeblich gesünder sein und die Gefahr einer Herzkrankheit vermindern. Bei Zimmertemperatur werden sie fast flüssig und lassen sich wie Butter streichen. Fügt man Wasserstoff hinzu, gehen die Doppelbindungen auf, und die ungesättigten Fette werden fest und gesättigt.

Harte Margarine (etwa 35 – 40 % ungesättigte Fettsäuren)

Weiche Margarine (etwa 40 – 50 % ungesättigte Fettsäuren)

Du kannst Butter und Margarine mit Jod und einem organischen Lösungsmittel prüfen.

Butter (etwa 3 % ungesättigte Fettsäuren)

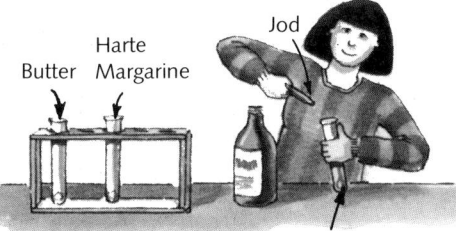

Jod

Harte Margarine

Butter

Weiche Margarine

Tropfe etwas Jodlösung in jedes der Reagenzgläser. Die ungesättigten Moleküle reagieren mit dem Jod, und die Farbe verschwindet. Erscheint die Farbe wieder, so ist die Lösung gesättigt. Wieviel Tropfen waren dazu nötig?

Seife

Seife ist eigentlich ein Natrium- oder Kaliumsalz, das aus der Verbindung einer organischen Säure mit einem dieser beiden Alkalimetalle entstanden ist.

Wie wirkt Seife?

Gegenstände, die auf dem Wasser schwimmen, scheinen manchmal wie auf einer Haut zu treiben. Diese Erscheinung bezeichnet man als Oberflächenspannung. Sie entsteht, weil sich die Wassermoleküle gegenseitig sehr stark anziehen. Da sich Wasser und Öl nicht vermischen, wird Wasser zunächst auch nicht von den fettigen Schmutzmolekülen angezogen. Seife und Waschmittel verringern aber die Oberflächenspannung, so daß sich das Wasser leichter über die Gegenstände breitet, die gewaschen werden sollen.

Flüssige Seife

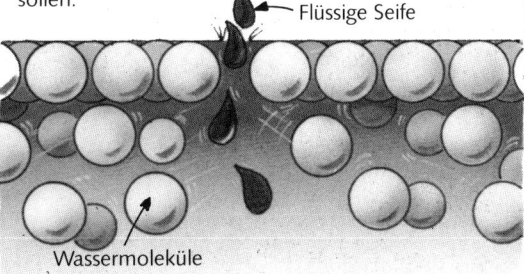

Wassermoleküle

Seifenmoleküle bestehen aus zwei Teilen – einem langen „Schwanz" aus Kohlenwasserstoff, der Wasser abstößt, und einem „Kopf" aus geladenen Ionen, der Wasser anzieht. Indem die Ionen das Wasser anziehen, vermindern sie die Anziehungskraft der Wassermoleküle untereinander.

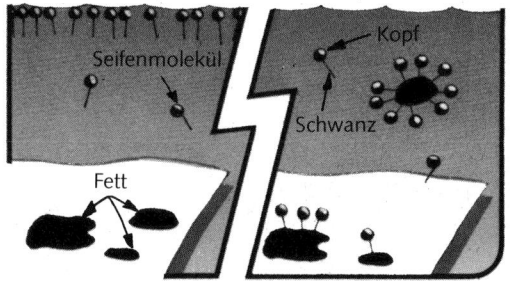

Kopf

Seifenmolekül

Schwanz

Fett

Der Kohlenwasserstoff-Schwanz wird von Schmutz und Fett des Kleidungsstücks angezogen. Er heftet sich an den Schmutzfleck, während der dem Wasser zugewandte Kopf gleichzeitig vom Kleidungsstück weg- und dem Wasser zustrebt. So wird der Schmutz aus den Kleidern herausgezogen.

Wie man Verbindungen spaltet

Die Elemente in einer Verbindung sind zwar chemisch gebunden, aber die meisten Verbindungen können auf irgendeine Weise wieder gespalten werden. Einige Beispiele dafür sind dir in diesem Buch schon begegnet. So wird z. B. in allen Verdrängungsreaktionen, wie in der zwischen Kupfersulfat und Eisen (siehe Seite 27), eine Verbindung gespalten.

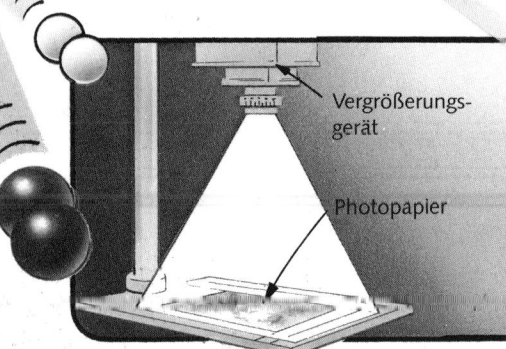

Vergrößerungsgerät

Photopapier

Zur Spaltung einer Verbindung ist fast immer die Zufuhr irgendeiner Art von Energie nötig. Manche Verbindungen spalten sich, wenn sie dem Licht ausgesetzt werden. So verwendet man z. B. bei der Herstellung von Filmen und Fotopapier Silberbromid, weil es lichtempfindlich ist. Andere Verbindungen spalten sich, wenn man sie erhitzt. So spaltet sich Quecksilberoxid, wenn es erhitzt wird, in Quecksilber und Sauerstoff.

Nach der Reaktion

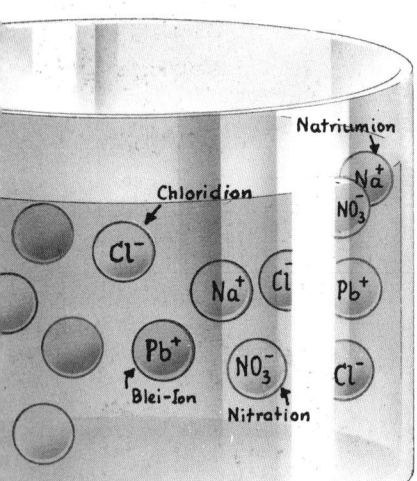

Chloridion

Cl^-

Natriumion

Na^+
NO_3^-

Na^+ Cl^- Pb^+

Pb^+ NO_3^- Cl^-

Blei-Ion   Nitration

Spaltung mit Partnertausch

Man spricht von *doppelter Spaltung*, wenn zwei Verbindungen zerlegt und ihre Reaktionspartner ausgetauscht werden. Die meisten Salze sind wasserlöslich. Salze, die in Wasser gelöst werden, spalten sich in einzelne Ionen. Wenn zwei Salze ihre Ionen austauschen, kann dadurch ein unlösliches Salz entstehen. Das unlösliche Salz bildet einen Niederschlag, einen festen Stoff, der sich am Boden des Gefäßes absetzt oder „ausfällt". Das nennt man *Fällungsreaktion*. Sowohl Natriumchlorid als auch Bleinitrat sind lösliche Salze; wenn man sie gemeinsam auflöst, tauschen sie ihre Ionen aus, und es entsteht ein Niederschlag von Bleichlorid.

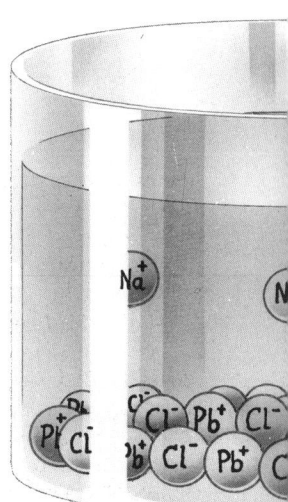

Na^+

Cl^- Pb^+ Cl^-

Pb^+ Cl^- Pb^+ Cl^-

Pb^+ Cl^- Pb^+ Cl^-

Löslichkeitsregeln

★ Alle Nitrate sind wasserlöslich.

★ Alle Kalium-, Natrium- und Ammoniumsalze sind wasserlöslich.

★ Alle Carbonate sind unlöslich –
  mit Ausnahme von Natrium-, Kalium- und Ammoniumcarbonat.

★ Alle Sulfate sind wasserlöslich –
  mit Ausnahme von Barium-, Blei-, Silber- und Calciumsulfat.

★ Alle Chloride sind wasserlöslich –
  mit Ausnahme von Silber- und Bleichlorid.

★ Alle Bromide sind wasserlöslich –
  mit Ausnahme von Silber- und Bleibromid.

Wenn Natriumcarbonat und Zinksulfat in Wasser gelöst werden und ihre Ionen austauschen, fällt einer der beiden neu entstehenden Stoffe als Niederschlag aus – welcher? Die Antwort findest du mit Hilfe dieser Liste. (Zur Kontrolle siehe Seite 45.)

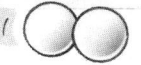

Spaltung durch Strom

Um Verbindungen aus sehr reaktionsfreudigen Elementen zu spalten, braucht man in den meisten Fällen große Mengen an Energie. Eine Möglichkeit der Spaltung besteht darin, daß man durch die Verbindung elektrischen Strom leitet. Diesen Vorgang nennt man *Elektrolyse*. Stoffe, die elektrischen Strom leiten, heißen daher Elektrolyte. Alle Ionenverbindungen sind in geschmolzenem oder gelöstem Zustand Elektrolyte.

Wie die Elektrolyse abläuft

Wenn der Strom angeschaltet wird, fließen Elektronen durch den Stromkreis, und zwar vom Minuspol zum Pluspol. In der Flüssigkeit wird der Strom durch die Ionen der Verbindung weitergeleitet. Dabei fließen die negativen Ionen zur positiven Elektrode (Anode) und die positiven Ionen zur negativen Elektrode (Kathode), weil sie jeweils von entgegengesetzten Ladungen angezogen werden. An den Elektroden verbinden sich die positiven Ionen mit Elektronen, während die negativen Ionen Elektronen abgeben. Auf diese Weise werden sie beide wieder in „neutrale" Atome oder Atomgruppen zurückverwandelt.

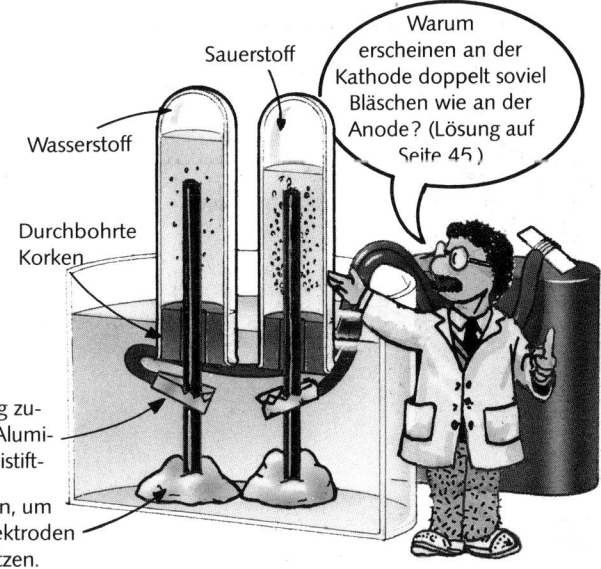

Sauerstoff

Wasserstoff

Durchbohrte Korken

Warum erscheinen an der Kathode doppelt soviel Bläschen wie an der Anode? (Lösung auf Seite 45.)

Elektroden aus eng zusammengerollter Aluminiumfolie oder Bleistiftminen.

Plastilin, um die Elektroden zu stützen.

Wie man Wasser spaltet

Wasser besteht aus positiven Wasserstoffionen und negativen Sauerstoffionen. Mit Hilfe der Elektrolyse kann man Wasser spalten: Stellt man die Elektroden in Wasser, das mit etwas Schwefelsäure angesäuert wurde, beginnen rings um sie herum Gasbläschen aufzusteigen. Wenn du ein glühendes Holzstückchen auf den Boden des Reagenzglases (im Bild nach oben gedreht) legst, kannst du herausfinden, um welche Gase es sich handelt. (Zur Erinnerung: Schau nach auf Seite 29.)

Wozu die Elektrolyse gut ist

Die Elektrolyse wird vielfach in der Industrie verwendet. Dadurch werden z. B. unedle Metalle vor Korrosion (Zerfall) geschützt, indem man sie mit einer Schicht aus edlerem Metall überzieht. Das geschieht unter anderem beim Versilbern von Besteck: Das Eisenbesteck wird mit der Kathode verbunden, während eine Silbersalzlösung elektrolysiert wird. Die Silberionen wandern zur Kathode, werden dort entladen und scheiden sich auf der Oberfläche des Bestecks ab.

Elektrolyse – streng nach der Spannungsreihe

Wenn man mehrere Verbindungen gleichzeitig einer Elektrolyse unterzieht, so werden die Ionen des reaktionsträgsten Elements als erste in Atome zurückverwandelt. Sie reagieren als erste, weil zu ihrer Abscheidung aus der Lösung nicht so viel Energie benötigt wird. Wird die wäßrige Lösung einer Verbindung elektrolysiert, so scheidet sich das Metall nur an der Kathode ab, wenn es sich in der Spannungsreihe vor dem Wasserstoff* befindet. Steht es dahinter, scheiden sich statt dessen die Wasserstoffionen des Wassers an der Kathode ab. Deshalb müssen alle Salze reaktionsfreudiger Metalle, z. B. von Natrium, in geschmolzenem Zustand elektrolysiert werden.

Auch für Anionen gibt es eine Spannungsreihe:

„Ion" ist griechisch und bedeutet „Wanderer".

Sulfate

Nitrate

Chloride

Bromide

Jodide

Hydroxide

Die Anionen, die auf der Liste am weitesten unten stehen, lagern sich als erste an der Anode ab.

* Wasserstoff ist kein Metall, es gehört aber dennoch in die Spannungsreihe.

Wie man chemische Stoffe identifiziert

Die folgenden Fragen sollen dir dabei helfen, unbekannte chemische Stoffe zu identifizieren. Du kannst die Methode testen, indem du sie mit einer bekannten chemischen Substanz aus einem Chemiekasten ausprobierst. Leider reicht hier der Platz nicht, um alle Versuche zu nennen, die ein Chemiker durchführen würde; eine ganze Reihe von gewöhnlichen Stoffen dürfte sich jedoch so identifizieren lassen. Die Anleitungen für die meisten der hier genannten Versuche findest du weiter vorn in diesem Buch.

Versuche den Stoff zunächst in seine Bestandteile zu zerlegen – vielleicht ist es ein Gemenge oder eine Verbindung. Mach dazu mindestens drei der Versuche von Seite 10/11.

Es ist Eisen oder ein eisenhaltiges Metall.

Versuche, mit dem Flammentest herauszufinden, welches Metall es sein könnte.

KEIN ERGEBNIS

Flammentest

Flamme brennt: / **enthält:**

Flamme brennt:	enthält:
blau	Blei, Caesium
grün	Kupfer
lila	Kalium
rot	Lithium
gelb	Natrium
apfelgrün	Barium
weinrot	Strontium
ziegelrot	Calcium

Läßt er sich in mehrere Stoffe aufspalten, dann wiederhole die Versuche mit jedem einzelnen Stoff.

Ist es magnetisch?

JA

NEIN

Es ist wahrscheinlich Kupferoxid.

Welches Metall enthält der Stoff? Mach den Flammentest.

Welchen Säurerest enthält er?

Ist es ein Metall? Leitet der Stoff Wärme oder Strom?

JA

NEIN

Es ist wahrscheinlich Kohlenstoff.

JA

Erhitze den Stoff. Bildet sich Kohlendioxid?

NEIN

Es ist ein unlösliches Salz. Vergleiche die Löslichkeitsregeln*

Es ist ein Nichtmetall. Schmilzt der Stoff leicht?

NEIN

Es ist wahrscheinlich eine Ionenverbindung.

JA

NEIN

Ist es ein schwarzes Pulver?

JA

Es handelt sich um eine kovalente Verbindung oder ein Element.

Ist es ein lilaschwarzer, fester Stoff?

Trifft nichts davon zu?

NEIN

Ist der Stoff leicht löslich?

JA

Ist es ein rötlichgelber, fester Stoff?

Ist es ein gelbes Pulver?

JA

Es könnte Jod sein.

Der Stoff ist organisch. Er enthält Kohlenstoff.

JA

JA

Es könnte Schwefel sein.

JA

Es könnte Phosphor sein.

Dann ist es vielleicht eine organische Verbindung.

JA

Erhitze ihn. Gibt er Kohlendioxid ab?

*Siehe Seite 36.

Boraxperlentest

Erhitze ein Stück Platindraht*, das du zu einer Öse gebogen hast, und tauche ihn in destilliertes Wasser. Danach tauchst du ihn in Borax (Natriumborat) und erhitzt ihn erneut, bis eine glasartige Perle entsteht. Füge ein wenig von dem unbekannten Stoff hinzu, und erhitze das Ganze wieder. Stoffe, die bestimmte Metalle enthalten, lassen verschiedenfarbige Perlen entstehen. Die Perle zeigt im inneren und äußeren Teil der Flamme unterschiedliche Farben.

Innerer Teil der Flamme	Äußerer Teil der Flamme	Stoff enthält:
Blau		Chrom
Grün		Kobalt
Rotbraun	Türkis	Kupfer
Dunkelgrün	Gelb	Eisen
Fahlgrün	Purpurrot	Mangan
Schwarz	Rotbraun	Nickel

Versuch's mit dem Boraxperlentest.

Es ist Schwefelsäure.

Der Säurerest ist ein Chlorid.

Es ist Salzsäure.

Es ist Kohlensäure oder ein Carbonat.

Der Säurerest ist ein Sulfat.

JA

Der Säurerest ist ein Carbonat.

Bildet sich durch Zugabe von Bariumchlorid ein weißer Niederschlag?

JA

Bildet sich bei Zugabe von Silbernitrat ein weißer Niederschlag?

JA

Entsteht beim Erhitzen Kohlendioxid?

Welches Metall enthält der Stoff? Mach den Flammentest.

Verbinde das Metall mit dem Säurerest, um den Namen der Verbindung zu ermitteln.

Es ist eine Säure! Welche? Mach den Säurerest-Test.

JA

Es ist ein säurehaltiges Salz.

Welchen Säurerest enthält der Stoff? Mach den Säurerest-Test.

Der Stoff ist sauer. Ist es eine Säure oder ein saures Salz? Erhitze ihn mit Zink. Entsteht dabei Wasserstoff?

NEIN

SAUER

Der Stoff ist basisch. Es ist wahrscheinlich ein Metalloxid oder -hydroxid.

Versuche, mit dem Flammentest das Metall herauszufinden. Verbinde den Stoff dann mit dem Säurerest, dem Oxid oder Hydroxid, um den Namen der Verbindung zu ermitteln.**

Ist der Stoff sauer, basisch oder neutral? Teste ihn mit Indikatorpapier.

BASISCH

Ist kein Säurerest enthalten ist es vielleicht ein Oxid oder ein Hydroxid.

NEUTRAL

Riecht er nach Ammoniak?

JA

NEIN

Es ist eine Ammoniumverbindung.

Welchen Säurerest enthält der Stoff? Mach den Säurerest-Test.

Mach den Säurerest-Test

Es ist ein neutrales Salz.

Welches Metall enthält der Stoff? Mach den Flammentest.

Verbinde das Metall und den Säurerest, um den Namen der Verbindung zu ermitteln.**

39

* Für diesen Versuch brauchst du einen Bunsenbrenner.
** Das Metall kommt immer zuerst.

Computerprogramm: Welcher Stoff ist das?

Mit Hilfe dieses Programms kannst du unbekannte chemische Stoffe identifizieren. Das Programm ist für den Commodore 64 geschrieben. Zeilen, die für andere Computer verändert werden müssen, sind durch entsprechende Symbole gekennzeichnet; die zugehörigen Programmänderungen stehen auf Seite 45. Die Symbole beziehen sich auf die folgenden Geräte:

▲ Acorn/BBC
■ Sinclair Spectrum
● Apple
○ Oric
■ Dragon und Tandy/Radio Shack TRS-80

```
        10 REM * IDENTIFIZIERUNG VON STOFFEN *
        20 REM * ------------------------- *
        30 GOSUB 930
        40 GOSUB 830
        50 LET N=1
▲●      60 PRINT CHR$(147)
        70 REM * HAUPTSCHLEIFE *
        80 PRINT
        90 PRINT Q$(N);
       100 LET F=A(N,1)
       110 IF F=0 THEN GOSUB 230
       120 IF F=1 THEN GOSUB 310
       130 IF N<>0 THEN GOTO 80
       140 REM * SEITENENDE *
       150 PRINT
       160 PRINT "MEHR KANN ICH DAZU NICHT SAGEN."
       170 PRINT "MOECHTEST DU EINEN NEUEN"
       180 PRINT "VERSUCH MACHEN? (J/N)"
       190 INPUT A$
       200 IF A$="J" THEN GOTO 40
       210 PRINT "IN ORDNUNG"
       220 STOP
       230 REM * AUSGABEANWEISUNG *
       240 PRINT:PRINT
       250 GOSUB 690
       260 LET P=A(N,2)
       270 IF P=1 THEN GOSUB 360
       280 IF P=2 THEN GOSUB 590
       290 LET N=A(N,3)
       300 RETURN
       310 REM * FRAGESTELLUNG *
       320 PRINT " ?":PRINT
       330 GOSUB 740
       340 LET N=A(N,R+1)
▲●     350 PRINT CHR$(147):RETURN
```

```
       360 REM * FLAMMENTEST *
▲●     370 PRINT CHR$(147):PRINT
       380 PRINT "FLAMMENTESTS"
       390 PRINT
       400 PRINT "AUF SEITE 27 FINDEST DU"
       410 PRINT "GENAUERES UEBER DIESEN TEST."
       420 PRINT
       430 PRINT "BIST DU ZU EINEM"
       440 PRINT "ERGEBNIS GEKOMMEN?"
       450 GOSUB 740
       460 IF R=2 THEN GOSUB 480
       470 RETURN
       480 REM * BORAXPERLENTEST *
▲●     490 PRINT CHR$(147):PRINT
       500 PRINT "BORAXPERLENTEST"
       510 PRINT
       520 PRINT "AUF SEITE 38/39"
       530 PRINT "FINDEST DU GENAUERES"
       540 PRINT "UEBER DIESEN TEST."
       550 PRINT
       560 GOSUB 690
▲●     570 PRINT CHR$(147)
       580 RETURN
       590 REM * SAEUREREST-TEST *
▲●     600 PRINT CHR$(147):PRINT
       610 PRINT "SAEUREREST-TEST":PRINT
       620 PRINT
       630 PRINT "AUF SEITE 38/39"
       640 PRINT "FINDEST DU GENAUERES"
       650 PRINT "UEBER DIESEN TEST."
       660 PRINT
       670 GOSUB 690
       680 RETURN
       690 REM * TASTENBELEGUNG *
       700 PRINT "ZUR FORTSETZUNG LEERTASTE DRUECKEN"
▲●■○   710 GET A$
       720 IF A$<>" " THEN GOTO 710
       730 RETURN
       740 REM * ANTWORT JA/NEIN *
       750 PRINT
       760 LET R=0
       770 PRINT "J/N? (J=JA; N=NEIN)"
       780 INPUT A$
       790 IF A$="J" THEN LET R=1
       800 IF A$="N" THEN LET R=2
       810 IF R=0 THEN GOTO 780
       820 RETURN
       830 REM * EINLEITUNGSSEITE *
▲●     840 PRINT CHR$(147):PRINT
```

```
850 PRINT "IDENTIFIZIERUNG VON STOFFEN"
860 PRINT "-------------------------"
870 PRINT
880 PRINT "MACH DIE FOLGENDEN VERSUCHE"
890 PRINT "MIT JEDEM STOFF"
900 PRINT
910 GOSUB 690
920 PRINT CHR$(147):RETURN
930 REM * DATEN EINLESEN *
940 DIM Q$(54),A(54,3)
950 LET K=1
960 READ A$
970 IF A$="ENDE DER DATEN" THEN RETURN
980 LET Q$(K)=A$
990 FOR I=1 TO 3
1000 READ A(K,I)
1010 NEXT I
1020 LET K=K+1
1030 GOTO 960
1040 REM * DATEN *
1050 DATA "LEITET ER WAERME ODER ELEKTRISCHEN
STROM",1,2,5
1055 DATA "ES IST EIN METALL. IST ES
MAGNETISCH",1,3,4
1060 DATA "ES IST EISEN ODER EIN EISENHALTIGES
METALL.",0,0,0
1065 DATA "MACH DEN FLAMMENTEST",0,1,0
1070 DATA "SCHMILZT ER LEICHT",1,6,17
1075 DATA "ES IST EINE KOVALENTE VERBINDUNG
ODER EIN ELEMENT.",0,0,7
1080 DATA "IST ES EIN GELBES PULVER...",1,10,8
1085 DATA "...ODER EIN ROETLICHER/GELBER
FESTSTOFF...",1,11,9
1090 DATA "...ODER EIN LILA/SCHWARZER
FESTSTOFF",1,12,13
1095 DATA "ES DUERFTE SCHWEFEL SEIN.",0,0,0
1100 DATA "ES DUERFTE PHOSPHOR SEIN.",0,0,0
1105 DATA "ES DUERFTE JOD SEIN.",0,0,0
1110 DATA "ES KOENNTE EINE ORGANISCHE
VERBINDUNG SEIN.",0,0,14
1115 DATA "ERHITZE DEN STOFF. BILDET SICH
KOHLENDIOXID",1,16,15
1120 DATA "ES IST KEIN ORGANISCHER
STOFF.",0,0,0
1125 DATA "DER STOFF IST ORGANISCH UND
ENTHAELT KOHLENSTOFF.",0,0,0
1130 DATA "ES IST WAHRSCHEINLICH EINE
IONENVERBINDUNG.",0,0,18
1135 DATA "IST ER LOESLICH",1,24,19
1140 DATA "IST ES EIN SCHWARZES
PULVER",1,20,23
1145 DATA "ERHITZE DEN STOFF. BILDET SICH
KOHLENDIOXID",1,21,22
1150 DATA "ES IST KOHLENSTOFF.",0,0,0
1155 DATA "ES IST KUPFEROXID.",0,0,0
1160 DATA "ES IST EIN UNLOESLICHES
SALZ.",0,0,29
1165 DATA "ERMITTLE DEN PH-WERT",0,0,25
1170 DATA "REAGIERT DER STOFF SAUER",1,42,26
1175 DATA "REAGIERT DER STOFF BASISCH",1,33,27
1180 DATA "IST DER STOFF NEUTRAL", 1,28,25
1185 DATA "ES IST EIN NEUTRALES SALZ.",0,0,29
1190 DATA "FINDE HERAUS, WELCHES METALL DER
STOFF ENTHAELT",0,1,30
1195 DATA "FINDE HERAUS, WELCHEN SAEUREREST
DER STOFF ENTHAELT",0,2,31
1200 DATA "VERBINDE METALL UND
SAEUREREST,...",0,0,32
1205 DATA "...UM DEN NAMEN DER VERBINDUNG
HERAUSZUFINDEN",0,0,0
1210 DATA "ES KOENNTE DAS OXID ODER...",0,0,34
1215 DATA "...HYDROXID EINES METALLS
SEIN.",0,0,35
1220 DATA "RIECHT ER NACH AMMONIAK",1,54,3
1225 DATA "MACH DEN SAEUREREST-TEST",0,2,37
1230 DATA "HAST DU EIN ERGEBNIS",1,39,38
1235 DATA "ES IST WAHRSCHEINLICH EIN OXID ODER
HYDROXID.",0,0,39
1240 DATA "FINDE HERAUS, WELCHES METALL DER
STOFF ENTHAELT",0,1,40
1245 DATA "VERBINDE METALL UND
SAEUREREST...",0,0,41
1250 DATA "...ODER METALL UND OXID/HYDROXID,
UM DEN NAMEN DER VERBINDUNG
HERAUSZUFINDEN",0,0,0
1255 DATA "FUEGE ZINK HINZU. BILDET SICH
WASSERSTOFF",1,44,43
1260 DATA "ES IST EIN SAURES SALZ.",0,0,29
1265 DATA "ES IST EINE SAEURE.",0,0,45
1270 DATA "MACH DEN SAEUREREST-TEST",0,2,46
1275 DATA "IST DER SAEUREREST EIN
SULFAT",1,49,47
1280 DATA "IST ER EIN CHLORID...",1,50,48
1285 DATA "...ODER EIN CARBONAT",1,51,52
1290 DATA "ES IST SCHWEFELSAEURE.",0,0,0
1295 DATA "ES IST SALZSAEURE.",0,0,0
1300 DATA "ES IST KOHLENSAEURE.",0,0,0
1305 DATA "ES KOENNTE EIN NITRAT...",0,0,53
1310 DATA "...ODER EIN BROMID ODER JODID
SEIN.",0,0,0
1315 DATA "ES IST EINE
AMMONIUMVERBINDUNG.",0,0,0
1320 DATA "ENDE DER DATEN"
```

Formeln und Gleichungen

Die chemische Formel eines Stoffes gibt an, welche Elemente er enthält und in welchem Verhältnis zueinander sie in den Molekülen auftreten. In einer kovalenten Verbindung gibt die Formel genau an, wieviel Atome von jedem Element in einem Molekül des Stoffes enthalten sind.

Was die Symbole bedeuten

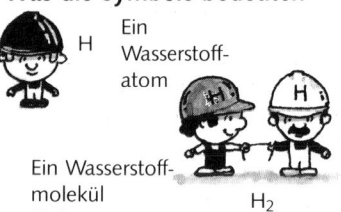

H — Ein Wasserstoff-atom

Ein Wasserstoff-molekül (2 Atome) H_2

$2H_2$

Zwei Wasserstoff-moleküle (4 Atome)

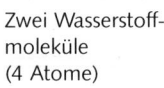

$2H_2O$ Zwei Wassermoleküle

Zwei einzelne Heliumatome

$2He$

Wie man Formeln aufstellt

Auf Seite 21 hast du erfahren, wie sich Formeln von Wertigkeiten ableiten lassen. Hier folgen nun weitere Hinweise zur Bildung von chemischen Formeln.

Säurereste wie das Carbonation haben nur eine gemeinsame Wertigkeit, obwohl sie aus mehreren Elementen bestehen. Wenn du einen Säurerest multiplizieren mußt, dann schreibst du das in der Formel so, daß du die Buchstabengruppe, die den Stoff bezeichnet, in Klammern setzt und dann die Indexzahl unten rechts anfügst. Als Beispiel hier die Formel für Magnesiumnitrat: Magnesium hat die Wertigkeit 2, Nitrat die Wertigkeit 1. Die Formel $Mg(NO_3)_2$ gibt an, daß ein Magnesiumatom mit zwei Nitratresten reagiert hat.

Versuche nun, die Formeln für Natriumcarbonat und Magnesiumhydroxid auf die gleiche Weise abzuleiten. Die Wertigkeiten sind: Natrium (Na) 1, Magnesium (Mg) 2, Carbonat (CO_3) 2, Hydroxid (OH) 1. (Lösung auf Seite 45.)

Bei einer Ionenverbindung muß neben der Wertigkeit auch die Ionenladung berücksichtigt werden. Da eine Ionenverbindung nach außen hin elektrisch neutral ist, müssen sich die Ladungen gegenseitig aufheben; die positiven und negativen Ladungen müssen also zahlenmäßig gleich sein. Natrium und Kalium haben beide die Wertigkeit 1, können sich aber nicht miteinander verbinden, da ihre Ionen beide positiv geladen sind. Natrium verbindet sich dagegen mit Chlor, das ebenfalls die Wertigkeit 1 hat, weil ein Chlorion negativ geladen ist.

Wie der Name sagt ...

Mit Hilfe dieser Hinweise kannst du die Formel für eine Verbindung aus ihrem Namen ableiten.

CO — Kohlenmonoxid

CO_2 — Kohlendioxid

Mono- = 1
Di- = 2
Tri- = 3
Tetr- = 4
Pent- = 5
Hex- = 6

* Verbindungen mit der Endung „-id" bestehen nur aus den zwei Elementen, aus denen ihr Name zusammengesetzt ist. Natriumchlorid besteht also nur aus Natrium und Chlor.

* Verbindungen mit der Endung „-at" oder „-it" enthalten zusätzlich zu den zwei anderen Elementen noch Sauerstoff. Verbindungen mit der Endsilbe „-at" enthalten mehr Sauerstoff als solche mit der Endsilbe „-it". So lautet z. B. die Formel für Natriumsulfat Na_2SO_4, die für Natriumsulfit Na_2SO_3.

* Eine Vorsilbe am Anfang des Wortes gibt an, wie viele Atome von diesem Element in der Verbindung enthalten sind.

Schwefeltrioxid

SO_3

Wasserstoffperoxid

Verbindungen mit der Vorsilbe „per-" enthalten ein zusätzliches Sauerstoffatom, das sie leicht abgeben. Wasserstoffperoxid (H_2O_2) z. B. läßt sich leicht in seine Bestandteile Sauerstoff und Wasser auflösen.

Gleichungen

Gleichungen sind eine Art Kurzschrift für chemische Reaktionen. In diesen Gleichungen verwendet man die chemischen Formeln der Stoffe. Hier folgen einige Zeichen und Symbole, die in Gleichungen verwendet werden.

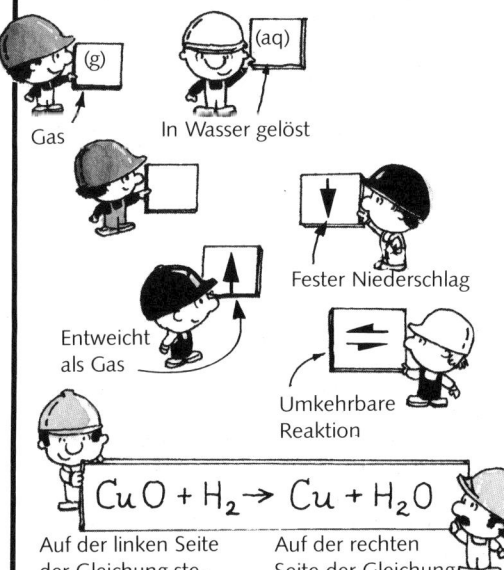

Gas

In Wasser gelöst

Fester Niederschlag

Entweicht als Gas

Umkehrbare Reaktion

$$CuO + H_2 \rightarrow Cu + H_2O$$

| Auf der linken Seite der Gleichung stehen die Ausgangsstoffe, die an der chemischen Reaktion beteiligt sind. | Auf der rechten Seite der Gleichung stehen die Endprodukte – die Stoffe, die durch die Reaktion entstanden sind. |

Das neue Benennungssystem

Heute gibt es ein neues System, um chemische Verbindungen eindeutig zu benennen. Dadurch wird auch die Bindungskraft eines Elements in der Formel angegeben. So wird z. B. Mangandioxid (MnO_2) heute auch als Mangan(IV)-oxid bezeichnet. (Du hast es auf Seite 24 als Katalysator kennengelernt.) MnO_2 ist eine Ionenverbindung. Jedes der beiden Sauerstoffionen hat zwei negative Ladungen, zusammen also vier. Wenn sich ein Manganion mit zwei Sauerstoffionen verbindet, braucht es zum Ausgleich vier positive Ladungen. Deshalb nennt man es Mangan(IV)-oxid. In anderen Verbindungen kann Mangan eine andere Wertigkeit oder Ionenladungszahl haben.

Wie man chemische Gleichungen aufstellt

Eine Grundregel in der Chemie – das Gesetz von der Erhaltung der Masse – besagt, daß bei einer chemischen Reaktion kein Stoff neu geschaffen oder zerstört werden kann. Die Substanzen verändern zwar ihre Form, die Zahl der Atome bleibt jedoch erhalten. Die Endprodukte einer Reaktion mögen leichter als die Ausgangsstoffe erscheinen, aber das liegt unter Umständen nur daran, daß bei der Reaktion ein Gas entstanden ist, das sich verflüchtigt hat. Aus einer Gleichung muß jedenfalls hervorgehen, daß keine Atome hinzugekommen oder verlorengegangen sind. Die Anzahl der Atome auf der einen Seite der Gleichung muß deshalb der Anzahl der Atome auf der anderen Seite entsprechen.

$$CuCO_3 \rightarrow CuO + CO_2$$

Die Gleichung über der Waage sagt aus, daß sich Kupfercarbonat in Kupferoxid und Kohlendioxid spaltet. Wenn du die Atome zählst, wirst du sehen, daß ihre Anzahl zu beiden Seiten des Pfeils gleich ist: Auf jeder Seite befinden sich drei Sauerstoffatome, ein Kupferatom und ein Kohlenstoffatom.

Es gibt aber auch Gleichungen, die nicht so einfach sind. Die Gleichung für die Entstehung von Wasser (auf der Waage) ist nicht ausgewogen, weil die rechte Seite ein Sauerstoffatom zuwenig hat. Man kann aber nicht schreiben $H_2 + O \rightarrow H_2O$, weil Sauerstoff nicht als einzelnes Atom (O), sondern nur paarweise als Molekül (O_2) auftritt. Wasser enthält doppelt so viele Wasserstoff- wie Sauerstoffatome, deshalb müssen in der Gleichung zwei Wasserstoffmoleküle mit einem Sauerstoffmolekül dargestellt werden.

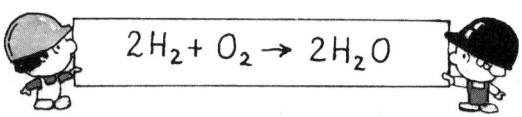

$$2H_2 + O_2 \rightarrow 2H_2O$$

Jetzt ist die Anzahl der beteiligten Atome zu beiden Seiten des Pfeils gleich: Auf jeder Seite befinden sich vier Wasserstoff- und zwei Sauerstoffatome. Das verdeutlicht, daß in der Reaktion keine Atome dazugekommen oder verlorengegangen sind.

Was für deine Versuche wichtig ist

Deine Versuchsergebnisse können durch die verschiedensten Umstände beeinflußt werden – und fallen dann vielleicht nicht so aus wie erwartet. Halte deine Geräte immer trocken und sauber, da Schmutz oder Spuren von anderen chemischen Substanzen die Reaktion stören können. Auch die Zimmertemperatur kann eine Rolle spielen: Sie kann beschleunigend oder verlangsamend auf einen Versuch wirken.

Bei vielen Versuchen empfiehlt sich ein „Kontrollversuch": Damit wird der gerade durchgeführte Versuch wiederholt, wobei *ein* wesentlicher Faktor oder ein Reagens verändert wird. Hast du mit einem Versuch z. B. die Wirkung eines Katalysators nachzuweisen versucht, so solltest du den gleichen Versuch ohne Katalysator wiederholen. Damit kannst du zeigen, daß tatsächlich der Katalysator die erzielte Wirkung ausgeübt hat und daß die Reaktion ohne ihn anders oder nicht so schnell verlaufen wäre.

Wiege chemische Stoffe so genau wie möglich ab. Auch die Menge oder die Konzentration einer Substanz kann die Reaktion beeinflussen. Schließlich solltest du als guter Naturwissenschaftler die Ergebnisse deiner Versuche genau aufzeichnen. So kannst du bei späteren Versuchen auf deine Notizen zurückgreifen und ersparst dir damit unnötige Wiederholungen bestimmter Versuche.

Tips für dein Heimlabor

Viele Versuche kannst du auch ohne eine „professionelle" Chemieausrüstung durchführen. Wahrscheinlich findest du einen großen Teil der Ausstattung und der chemischen Stoffe, die du brauchst, sogar bei euch zu Hause. Hier folgen noch einige Tips dazu.

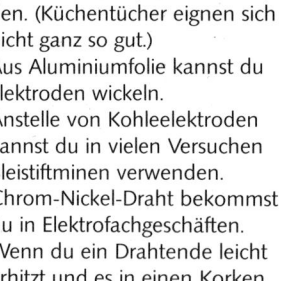

Anstelle von Reagenzgläsern kannst du auch saubere Marmeladegläser verwenden. Grundsätzlich eignen sich für chemische Versuche Glasbehälter am besten, weil sie durchsichtig sind.

Als Trichter kannst du die abgeschnittene obere Hälfte einer Plastikflasche verwenden.

Brauchbare Pipetten findest du als Schraubverschluß von Fläschchen mit Augen-, Ohren- oder Nasentropfen.

Als Filterpapier kannst du Kaffeefilter oder Löschpapier verwenden. (Küchentücher eignen sich nicht ganz so gut.)

Aus Aluminiumfolie kannst du Elektroden wickeln.

Anstelle von Kohleelektroden kannst du in vielen Versuchen Bleistiftminen verwenden.

Chrom-Nickel-Draht bekommst du in Elektrofachgeschäften. Wenn du ein Drahtende leicht erhitzt und es in einen Korken steckst, kannst du den Korken wie einen Griff verwenden.

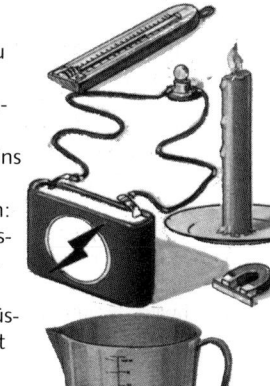

Batterien, Glühlämpchen, Thermometer und Magnete sind für viele Versuche nützlich. Falls du keinen Spiritusbrenner hast, kannst du häufig einfach eine Kerze verwenden, um Stoffe zu erhitzen.

Wenn du kein richtiges Meßgefäß hast, kannst du dir aus einem Marmeladeglas selbst eins machen und es mit Hilfe eines geliehenen Meßgefäßes eichen: Dazu schüttest du die abgemessene Flüssigkeit aus dem Meßbecher in dein Glas und markierst den oberen Rand der Flüssigkeit auf dem Glas mit Filzstift oder Klebeband.

Zum Abwiegen von Substanzen solltest du eine Küchenwaage benutzen. Ein Stück Plastikfolie als Unterlage hält die Waagschale sauber.

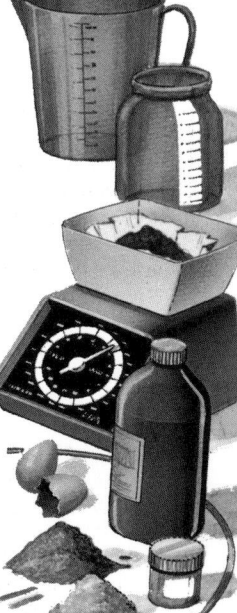

Schläuche und durchbohrte Korken bekommst du in Haushaltswarengeschäften oder Lehrmittelhandlungen.

Wenn du Eisen brauchst, verwende Stahlwolle oder Nägel. Kupfer erhältst du, indem du von einem Elektrokabel die Isolierung entfernst.

Bei vielen Versuchen kannst du Essig als Säure verwenden.

Zerstoßene Eierschalen, Marmor, Kalk und Kreide (von Kreidefelsen) sind allesamt Formen von Calciumcarbonat.

Viele Chemikalien, wie Jod, Schwefel und Lackmuspapier, bekommst du in der Apotheke.

Sicherheitsregeln

★ Geh mit chemischen Stoffen immer äußerst vorsichtig um. Wisch nach jedem Experiment alles weg, was du verschüttet hast, und wasch dir gründlich die Hände. Probier niemals chemische Substanzen mit der Zunge und iß auch nicht, während du experimentierst. Berühr deine Augen nicht mit den Händen. Wenn du Versuche mit Säuren, Laugen und brennbaren Stoffen durchführst, solltest du unbedingt eine Schutzbrille tragen.

★ Halte dich genau an die Anweisungen zu jedem Versuch. Beschrifte alle Gläser, die Chemikalien enthalten, eindeutig und bewahre sie so auf, daß kleine Kinder sie nicht erreichen können.

★ Die Geräte für deine chemischen Versuche solltest du möglichst getrennt von den übrigen Haushaltsgegenständen aufbewahren.

★ Sei besonders vorsichtig mit Hitze und elektrischem Strom. Faß erhitzte Reagenzgläser nie ohne spezielle Klammern an.

Antworten und Lösungen

Seite 9
Die Flüssigkeit in einem Topf kocht über, weil die Gasteilchen, die sich beim Kochen bilden, mehr Platz brauchen als dieselbe Anzahl von Flüssigkeitsteilchen. Wenn eine Flüssigkeit kocht, dehnt sie sich also aus.

Seite 10: Kuddelmuddel
Um Teeblätter und Zucker voneinander zu trennen, mußt du sie in kaltem Wasser auflösen und die Lösung dann filtrieren. Da sich die Teeblätter nicht auflösen, bleiben sie im Filter hängen. Der Zucker bleibt zurück, wenn du die Lösung kochst und verdampfen läßt. Dieselbe Methode verwendest du für die Trennung von Salz und Mehl sowie von Badesalz und Glassplittern. Badesalz und Talkumpuder trennst du durch Zugeben von Wasser: Der Talkumpuder schwimmt dann auf der Oberfläche. Die Stecknadeln lassen sich mit Hilfe eines Magneten von den Glassplittern trennen.

Seite 17: Wer mit wem?
Ein Atom Kalium oder Natrium reagiert mit einem Atom Chlor, Brom oder Jod. Ein Magnesium- oder Calciumatom reagiert mit einem Schwefelatom. Ein Heliumatom reagiert normalerweise überhaupt nicht. Ist eine größere Anzahl von Atomen beteiligt, so können alle diese Atome miteinander reagieren (mit Ausnahme von Helium).

Seite 20: Ionen- oder Atombindung?
Zucker, Spiritus und Nähmaschinenöl sind kovalente Verbindungen. Bittersalz ist eine Ionenverbindung.

Seite 24
Wasserstoffperoxid wird in dunklen Flaschen aufbewahrt, um eine Reaktion mit Licht und damit den Zerfall der Substanz zu verhindern.

Seite 27: Warum brennt auf dem Mond nichts?
Auf dem Mond kann nichts brennen, weil Verbrennung eine Reaktion mit Sauerstoff ist. Auf dem Mond gibt es aber keinen Sauerstoff.

Seite 28: Säure oder Lauge?
Apfelsaft ist sauer. Zahnpasta und Ammoniak sind basisch. Paraffin und Zucker sind neutral. Auch Kochsalz ist gewöhnlich neutral, aber Speisesalz enthält manchmal Zusätze, die es leicht basisch reagieren lassen.

Seite 33
Methoxymethan ist ein Isomer von Ethanol. Sein Aufbau sieht etwa so aus:

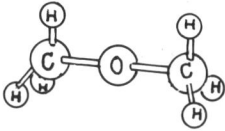

Seite 36
Löst man Natriumcarbonat und Zinksulfat zusammen in Wasser auf, so fällt Zinkcarbonat als Niederschlag aus.

Seite 37
An der Kathode bilden sich mehr Gasbläschen als an der Anode, weil die Kathode (negative Elektrode) den Wasserstoff anzieht. Wasser enthält doppelt soviel Wasserstoff wie Sauerstoff.

Seite 40/41: Programmänderungen
Um das Programm für die auf Seite 40 genannten Computertypen anzupassen, sind die folgenden Zeilen entsprechend auszutauschen:

```
▲●○■ 60,350,370,490,570,600,840 CLS
   ● 60,350,370,490,570,600,840 HOME
   ● 705 A$=""
   ▲ 710 LET A$=INKEY$(0)
   ● 710 IF PEEK(-16384)>127 THEN GET A$
   ■ 710 LET A$=INKEY$
   ○ 710 LET A$=KEY$
   ▮ 940 DIM Q$(54,38):DIM A(54,3)
```

Seite 42: Wie man Formeln aufstellt
Die Formel für Natriumcarbonat ist Na_2CO_3.
Die Formel für Magnesiumhydroxid ist $Mg(OH)_2$.

Wichtige Fachbegriffe

Aktivierungsenergie: Die Energie, die benötigt wird, damit eine Reaktion eintritt.

Alkali: Eine Substanz, die unter Bildung von Salz und Wasser eine Säure neutralisiert. In Wasser gelöst ist es eine Lauge.

Anion: Ion mit negativer elektrischer Ladung. Ein Atom, das ein oder mehrere Elektronen aufgenommen hat.

Anode: Die positive Elektrode, die Elektronen aufnimmt.

Atom: Der kleinste Teil eines Elements, der selbständig bestehen kann und alle chemischen Eigenschaften des Elements besitzt.

Atommasse: Die Summe der Protonen und Neutronen im Atomkern eines Elements.

Base: Ein Metalloxid oder -hydroxid, das heißt eine Substanz, die mit einer Säure reagiert, indem sie Wasser und Salz bildet.

Chemische Formel: Die Beschreibung eines Atoms oder Moleküls mit Hilfe von Symbolen und Zahlen.

Chemische Gleichung: Die Beschreibung einer chemischen Reaktion mit Hilfe von Symbolen und Formeln.

Elektrode: Ein elektrischer Leiter, durch den bei der Elektrolyse elektrischer Strom ein- oder austritt.

Elektrolyse: Die Zerlegung einer geschmolzenen oder in Wasser gelösten Ionenverbindung mit Hilfe von elektrischem Strom.

Elektrolyt: Chemische Verbindung (Säure, Base, Salz), die in wäßriger Lösung oder in geschmolzenem Zustand elektrischen Strom leitet.

Elektron: Negativ geladenes Teilchen eines Atoms.

Element: Eine Substanz, die mit chemischen Mitteln nicht mehr weiter zerlegt werden kann und deren Atome alle die gleiche Ordnungszahl besitzen.

Gitter: Eine Struktur („Muster"), in der Atome, Moleküle oder Ionen in einer festgelegten Ordnung miteinander verbunden sind.

Ion: Ein geladenes Teilchen; ein Atom oder eine Gruppe von Atomen, die Elektronen aufgenommen oder abgegeben haben.

Ionenverbindung: Eine chemische Verbindung, die durch Ionen gebildet wird.

Isotope: Elemente, deren Atome die gleiche Ordnungszahl, aber unterschiedliche Atommassen haben.

Katalysator: Ein Stoff, der die Geschwindigkeit einer Reaktion beeinflußt (meist beschleunigt), aber nicht selbst an der Reaktion beteiligt ist.

Kathode: Die negative Elektrode, die Elektronen abgibt.

Kation: Ion mit positiver elektrischer Ladung. Ein Atom, das ein oder mehrere Elektronen abgegeben hat.

Kovalente Verbindung: Eine Verbindung, die aus Atomen verschiedener Elemente mit gemeinsamen Elektronenpaaren besteht.

Lauge: siehe Base.

Löslichkeit: Die Menge eines Stoffes, die in einem bestimmten Volumen einer Flüssigkeit gelöst werden kann.

Lösung: Eine Flüssigkeit, in der ein fester Stoff gelöst ist.

Lösungsmittel: Die Flüssigkeit, in der ein Stoff gelöst ist.

Molekül: Der kleinste Teil einer chemischen Verbindung, der selbständig bestehen kann und alle chemischen Eigenschaften dieser Verbindung besitzt.

Neutralisation: Die Reaktion zwischen einer Säure und einer Base, wobei Salz und Wasser gebildet werden.

Neutron: Ungeladenes, neutrales Teilchen im Atomkern.

Niederschlag: Ein fester Stoff, der aus einer Lösung „ausfällt".

Ordnungszahl: Die Anzahl der Protonen im Atom eines Elements. (Sie ist gleich groß wie die Anzahl der Elektronen.)

Oxidation: Die Reaktion eines Stoffes mit Sauerstoff, wobei ein Oxid gebildet wird. Auch der Entzug von Wasserstoff oder die Abgabe von Elektronen.

pH-Wert: Das Maß für die Stärke eine Säure oder Base.

Proton: Positiv geladenes Teilchen im Atomkern.

Reaktionsprodukt: Der Stoff oder die Stoffe, die aus einer chemischen Reaktion entstanden sind.

Reduktion: Das Gegenteil der Oxidation, das heißt der Entzug von Sauerstoff sowie die Zufuhr von Wasserstoff oder Elektronen.

Relative Atommasse: Die Masse eines Atoms, bezogen auf die Masse eines Atoms des Kohlenstoffisotops 12, dem die Masse 12 zugeschrieben wird. Die relative Atommasse eines Elements ist die durchschnittliche Atommasse der verschiedenen Isotopen dieses Elements.

Säure: Eine Substanz, die Wasserstoff enthält, der durch Metall ersetzt werden kann. In wäßriger Lösung färbt Säure Lackmuspapier rot.

Säurerest: Der negativ geladene Rest eines Säuremoleküls, der übrigbleibt, wenn man der Säure die Wasserstoffionen entzieht.

Salz: Eine Ionenverbindung, die entsteht, wenn der Wasserstoff einer Säure durch Metall ersetzt wird.

Suspension (Aufschlämmung): Flüssigkeit, die einen nicht löslichen Feststoff enthält.

Verbindung: Ein Stoff, der ein oder mehrere Elemente enthält, die chemisch miteinander verbunden sind.

Verbrennung: Eine Oxidation, bei der Licht und Flammenbildung auftreten.

Wertigkeit: Eine Zahl, die die Anzahl der abgegebenen oder aufgenommenen Elektronen oder die Anzahl der gemeinsamen Elektronenpaare einer chemischen Verbindung angibt.

Alphabetisches Verzeichnis der Elemente

Name	Symbol	Ordnungs-zahl	Name	Symbol	Ordnungs-zahl
Actinium	Ac	89	Molybdän	Mo	42
Aluminium	Al	13	Natrium	Na	11
Americium	Am	95	Neodym	Nd	60
Antimon	Sb	51	Neon	Ne	10
Argon	Ar	18	Neptunium	Np	93
Arsen	As	33	Nickel	Ni	28
Astat	At	85	Niob	Nb	41
Barium	Ba	56	Nobelium	No	102
Berkelium	Bk	97	Osmium	Os	76
Beryllium	Be	4	Palladium	Pd	46
Blei	Pb	82	Phosphor	P	15
Bor	B	5	Platin	Pt	78
Brom	Br	35	Plutonium	Pu	94
Cadmium	Cd	48	Polonium	Po	84
Caesium	Cs	55	Praseodym	Pr	59
Calcium	Ca	20	Promethium	Pm	61
Californium	Cf	98	Protactinium	Pa	91
Cer	Ce	58	Quecksilber	Hg	80
Chlor	Cl	17	Radium	Ra	88
Chrom	Cr	24	Radon	Rn	86
Curium	Cm	96	Rhenium	Re	75
Dysprosium	Dy	66	Rhodium	Rh	45
Einsteinium	Es	99	Rubidium	Rb	37
Eisen	Fe	26	Ruthenium	Ru	44
Erbium	Er	68	Samarium	Sm	62
Europium	Eu	63	Sauerstoff	O	8
Fermium	Fm	100	Scandium	Sc	21
Fluor	F	9	Schwefel	S	16
Francium	Fr	87	Selen	Se	34
Gadolinium	Gd	64	Silber	Ag	47
Gallium	Ga	31	Silicium	Si	14
Germanium	Ge	32	Stickstoff	N	7
Gold	Au	79	Strontium	Sr	38
Hafnium	Hf	72	Tantal	Ta	73
Hahnium	Ha	105	Technetium	Tc	43
Helium	He	2	Tellur	Te	52
Holmium	Ho	67	Terbium	Tb	65
Indium	In	49	Thallium	Tl	81
Iridium	Ir	77	Thorium	Th	90
Jod	J	53	Thulium	Tm	69
Kalium	K	19	Titan	Ti	22
Kobalt	Co	27	Uran	U	92
Kohlenstoff	C	6	Vanadin	V	23
Krypton	Kr	36	Wasserstoff	H	1
Kupfer	Cu	29	Wismut	Bi	83
Kurtschatovium	Ku	104	Wolfram	W	74
Lanthan	La	57	Xenon	Xe	54
Lawrencium	Lw	103	Ytterbium	Yb	70
Lithium	Li	3	Yttrium	Y	39
Lutetium	Lu	71	Zink	Zn	30
Magnesium	Mg	12	Zinn	Sn	50
Mangan	Mn	25	Zirkon	Zr	40
Mendelevium	Md	101			

Wertigkeiten wichtiger Elemente

Aluminium	3
Arsen	3; 5
Barium	2
Blei	2; 4
Brom	1
Cadmium	2
Caesium	1
Calcium	2
Chlor	1; 7
Chrom	3; 6
Eisen	2; 3
Fluor	1
Gold	1
Jod	1
Kalium	1
Kobalt	2;3
Kohlenstoff	4
Kupfer	1; 2
Lithium	1
Magnesium	2
Nickel	2
Phosphor	3; 5
Quecksilber	1; 2
Rubidium	1
Sauerstoff	2
Schwefel	2; 4; 6
Silicium	4
Silber	1
Stickstoff	3; 5
Strontium	2
Wasserstoff	1
Zink	2
Zinn	2; 4

Spannungsreihe der Metalle

Kalium	Reaktionsfreudig
Natrium	
Calcium	
Magnesium	
Aluminium	
Zink	
Eisen	
Zinn	↓
Blei	
Wasserstoff	
Kupfer	
Quecksilber	
Silber	
Gold	Reaktionsträge

Register